Formeln und Tabellen
der
Wärmetechnik.

Zum Gebrauch bei Versuchen in Dampf-,
Gas- und Hüttenbetrieben.

Von

Paul Fuchs,
Ingenieur.

Berlin.
Verlag von Julius Springer.
1907.

ISBN-13: 978-3-642-47167-4   e-ISBN-13: 978-3-642-47476-7
DOI: 10.1007/ 978-3-642-47476-7

Softcover reprint of the hardcover 1st edition 1907

Vorwort.

Bei Versuchen, welche zu Wertbestimmungen irgendwelcher Art im Dampf- oder Kraftgas-Betriebe oder aber auch zur laufenden Kontrolle desselben vorgenommen werden, hat man es immer mit gleichartigen Rechnungsarten und Formelwerten zu tun; das gleiche gilt ferner bei Ermittlungen an technischen Feuerungen aller Art, bei Bestimmung des Verdampfungswertes von Brennstoffen oder der Gasergiebigkeit derselben in Generatoren u. a.

In der ausübenden Praxis auf diesem messenden und rechnenden Gebiet stellt sich dabei denn auch bald der Wunsch ein, Tabellen zur Abkürzung und Vereinfachung der Berechnungen anzulegen; und aus diesem Bedürfnis heraus sind die »Formeln und Tabellen der Wärmetechnik« entstanden.

Dieselben sollen dem Ingenieur, Hüttenmann, Chemiker in gedrängter Form alle nötigen Unterlagen geben, welche zu Arbeiten auf diesem Gebiete der angewandten Wärmetechnik nötig sind.

Vorausgesetzt wird hierbei natürlich, daſs in dem Schriftchen keine belehrenden Beschreibungen von Anlagen oder Vorgängen gesucht werden.

»Aus der Praxis — für die Praxis«. Unter dieser Devise bittet der Verfasser um gütige Aufnahme des kleinen Tabellenwerkes.

Friedenau-Berlin, März 1907.

Der Verfasser.

Inhalts-, Formel- und Tabellenverzeichnis.

	Seite
Einleitung	1
Konstanten-Tabelle Nr. I für 1 kg Substanz: S. 22.	
Konstanten-Tabelle Nr. II für 1 cbm Substanz: S. 24.	
Verzeichnis der Formelzeichen	2

1. Luft- und Verbrennungsgasmenge bei direkter Verbrennung . . 3

Luftmenge zur Verbrennung von Kohlenstoff und Wasserstoff in Kilogramm, Formel 1 3

— desgl. in Cubikmeter, Formel 2 3

Luftmenge für Verbrennung des Kohlenstoffes in Kilogramm und Cubikmeter der Formeln 1 und 2, Tabelle Nr. III: S. 26.

— desgl. für Verbrennung des Wasserstoffes in Kilogramm und Cubikmeter der Formeln 1 und 2, Tabelle Nr. IV: S. 27.

Verbrennungsgasmenge von festen und flüssigen Brennstoffen in Kilogramm, Formel 3 3

— desgl. in Cubikmeter, Formel 4 3

Verbrennungsgasmenge und Zusammensetzung für Kohlenstoff in Kilogramm, Tabelle Nr. V: S. 28.

— desgl. in Cubikmeter, Tabelle Nr. VI: S. 29.

— desgl. für Wasserstoff in Kilogramm, Tabelle Nr. VII: S. 30.

— desgl. für Wasserstoff in Cubikmeter, Tabelle Nr. VIII: S. 31.

Luftüberschußberechnung, Formel 5 4

— desgl. Luftüberschußmenge der Verbrennungsgase aus Formel 5, Tabelle Nr. IX: S. 32.

— Genauigkeit der Luftüberschußformel 5

Luftmenge zur Verbrennung von 1 kg Generatorgas in Kilogramm, Formel 6 5

— desgl. in Cubikmeter, Formel 7 6

Seite

Verbrennungsgasmenge aus der Verbrennung von 1 kg Generatorgas in Kilogramm, Formel 8 6
— desgl. in Cubikmeter, Formel 9 6
Luftmenge zur Verbrennung von 1 cbm Generatorgas in Kilogramm, Formel 10 7
— desgl. in Cubikmeter, Formel 11 7
Verbrennungsgasmenge aus der Verbrennung von 1 cbm Generatorgas in Kilogramm, Formel 12 7
— desgl. in Cubikmeter, Formel 13 7

2. Gasmengen bei Vergasung von Brennstoffen 7

Kohlenstoffgehalt pro 1 kg Generatorgas, Formel 14 8
Generatorgasmenge in Kilogramm pro 1 kg Brennstoff, Formel 15
Gasgewichte und Ausdehnungswerte für Temperaturen bis 1200^0, Tabelle Nr. X: S. 33.
Kohlenstoffgehalt pro 1 cbm Generatorgas, Formel 16 8
— desgl. einfachere Formel 16a 8
— desgl. bei verschiedenen Temperaturen in Kilogramm, Tabelle Nr. X: S. 33.

3. Der Wärmeinhalt von Gasen und Dämpfen und die Heizwerte brennbarer Substanzen.

Spezifische Wärme der Gase und Dämpfe als Funktion der Temperatur, Formeln 17—23 10
— desgl. bei konstantem Druck für Temperaturen bis 1200^0 aus den Formeln 17—23, Tabelle Nr. XI, S. 34.
Relativwerte der spezifischen Wärme für 1 cbm bei verschiedenen Temperaturen, Tabelle Nr. XII: S. 35.
Heizwertsermittlung fester und flüssiger Brennstoffe aus der Zusammensetzung, Formel 24 11
— desgl. für Generatorgase in Kilogramm, Formel 25 11
— desgl. in Cubikmeter, Formel 26 11
Heizwerte pro 1 cbm Gas bei verschiedenen Temperaturen, Tabelle Nr. XIII: S. 36.
Berechnung der Gesamtwärme eines Gases pro 1 kg bei verschiedenen Temperaturen, Formel 27 12
— desgl. pro 1 cbm Gas, Formel 28 12
Gesamtwärme pro 1 kg Gas bei verschiedenen Temperaturen, Tabelle Nr. XIV: S. 37.
— desgl. pro 1 cbm Gas, Tabelle Nr. XV: S. 38.

Seite

Zahlenwerte für Luft bei verschiedenen Temperaturen, Tabelle
Nr. XVI: S. 39.

Wärmeverhältnisse des Wasserdampfes bis 15 kg pro 1 qcm,
Tabelle Nr. XVII^a: S. 40 und Tabelle XVII^b: S. 42.

Beispiele:

Der Wärmeinhalt von Verbrennungsgas bei direkter Verbrennung 13

Die Gasmenge und die Gesamtwärme bei der Vergasung im
Generator 16

Beispiele von Seite 13 und Seite 16 unter Benutzung der Tabellen
Nr. XIV und Nr. XV 17

Luftmenge in Cubikmeter zur Verbrennung von Generatorgasen
in Cubikmeter bei verschiedenen Temperaturen 18

Verbrennungsgas in Kilogramm aus der Verbrennung von 1 kg
Generatorgas 19

Einleitung.

Für gewisse, wärmetechnische Berechnungen, z. B. der Wärmeverteilung innerhalb einer Dampfkesselheizfläche, der Gasmenge pro Brennstoffeinheit, welche in irgendeinem Generator erhalten wird, des Wärmeinhalts von Gasen bei verschiedenen Temperaturen und Zusammensetzungen u. a. m. kehren immer die gleichen Formelwerte zwischen bestimmten Grenzen wieder. Es liegt klar auf der Hand, daſs man eine wesentliche Erleichterung bei der Durchführung ähnlicher Arbeiten erhält, wenn man die in Betracht kommenden Werte ein für allemal auf einheitlicher Grundlage berechnet und in Tabellen zusammenstellt. In der nachfolgenden Abhandlung ist dieses Vorhaben für die hauptsächlichsten Fälle durchgeführt; zur Erläuterung der Grundlagen sowohl der konstanten Werte als auch der Formeln mögen folgende Angaben dienen.

Als Molekulargewichte sind die vom internationalen Atomgewichts-Ausschuſs für 1907 angegebenen Zahlen benutzt; man erhält u. a. das Atomgewicht für Sauerstoff $= 16$, für Wasserstoff $= 1,008$. Jedoch ist hier für H der Wert 1 angenommen, welcher für technische Zwecke genügende Genauigkeit besitzt. Alle Zahlen, die grundlegend für andere Ableitungen sind, enthält die Tabelle Nr. I für je 1 kg Substanz, während in Tabelle Nr. II die analogen Werte für je 1 cbm Substanz aufgeführt sind. Die Wärmewerte in den Tabellen sind den Thomsenschen Untersuchungen entnommen, unter Heizwert ist hier wie überall die um den Betrag $0,01 \cdot (H_2O \cdot 600)$ verminderte Verbrennungswärme verstanden, wenn H_2O die in v. H. bei Verbrennung von 1 kg oder auch bei Gasen von 1 cbm resultierende Wassermenge bedeutet.

Bei der Berechnung der Luftmengen, welche zur theoretischen Verbrennung eines Körpers nötig sind, ist die Zusammensetzung derselben wie in den Tabellen Nr. I und II angenommen. Es ist also der immer vorhandene Wasserdampf nicht berücksichtigt und muſs in besonderen Fällen zu den kg- oder cbm-Werten noch addiert werden; meist jedoch wird die Vernachlässigung dieser Berechnung keinen Fehler bedeuten, weil die Genauigkeit der Messungen dieses von selbst verbietet. Ein ähnlicher Weg ist für den in festen Brennstoffen immer vorhandenen Schwefel eingeschlagen worden; abgesehen davon, daſs das resultierende Verbrennungsprodukt Schwefeldioxyd in Verbrennungsgasen nie und in Generatorgasen sehr selten bestimmt wird, ist auch über den Verbleib desselben, also des Anteils »verbrennlichen Schwefels« oftmals keine präzise Antwort vorhanden und bei der Kleinheit der Menge auch ohne wesentliche Bedeutung. Schlieſslich sei noch bemerkt, daſs auf die Sauerstoffmenge als Ausgang der Berechnung verzichtet worden ist und zwar lediglich, weil alle Verbrennungs- und Vergasungsprozesse mit Luft durchgeführt werden.

Für die Formeln sind folgende Bezeichnungen benutzt:

L_k = Luftgewicht zur Verbrennung in kg, pro 1 kg Brennstoff oder 1 kg Gas;

L_v = Luftmenge zur Verbrennung in cbm, pro 1 kg Brennstoff oder 1 kg Gas;

Vg_k = Verbrennungsgasgewicht in kg, pro 1 kg Brennstoff oder 1 kg Gas;

Vg_v = Verbrennungsgasmenge in cbm, pro 1 kg Brennstoff oder 1 kg Gas;

Lk_{cbm} = Luftgewicht zur Verbrennung in kg, pro 1 cbm Gas;

Lv_{cbm} = Luftmenge zur Verbrennung in cbm, » 1 » »

Vgk_{cbm} = Verbrennungsgasgewicht in kg, » 1 » »

Vgv_{cbm} = Verbrennungsgasmenge in cbm, » 1 » »

Lu = Luftüberschuſs in den Verbrennungsgasen in v. H.;

K_k = Kohlenstoffgehalt in kg, pro 1 kg Gas;

K_v = Kohlenstoffgehalt in kg, pro 1 cbm Gas;

K_{vt} = Kohlenstoffgehalt, bei der Temperatur t;

G_k = Brenngasmenge in kg, pro 1 kg Brennstoff;

G_v = Brenngasmenge in cbm, pro 1 kg Brennstoff;
Hw_{kg} = Heizwert für 1 kg Substanz;
Hw_{cbm} = Heizwert für 1 cbm Substanz;
$\lambda_{kg}, \lambda_{cbm}$ = Gesamtwärme von Gasen, bestehend aus dem Heizwert und der Eigenwärme für 1 kg und 1 cbm.

1. Luft- und Verbrennungsgasmenge bei direkter Verbrennung.

Für die direkte Verbrennung von 1 kg Brennstoff, dessen Zusammensetzung in bekannter Weise in Gewicht v. H. angegeben ist, benötigt man Luft in kg L_k und in cbm L_v.

$$1. \quad L_k = \frac{11{,}46\,C + 34{,}48\left(H - \frac{O}{8}\right)}{100}.$$

$$2. \quad L_v = \frac{8{,}88\,C + 26{,}72\left(H - \frac{O}{8}\right)}{100}.$$

Bei der direkten Verbrennung resultieren dann Verbrennungsgase in kg Vg_k oder in cbm Vg_v.

$$3. \quad Vg_k = \frac{12{,}46\,C + 35{,}48\left(H - \frac{O}{8}\right)}{100} + \frac{H_2O + N}{100}.$$

$$4. \quad Vg_v = \frac{8{,}88\,C + 32{,}33\left(H - \frac{O}{8}\right)}{100} + \frac{1{,}243\,H_2O + 0{,}797\,N}{100}.$$

In Tabelle Nr. III sind die der Formel 1 und 2 entsprechenden Mengen Luft für einen Kohlenstoffgehalt von 45—55 und 60—85 v. H. enthalten, und zwar fortschreitend nach 0,2 v. H. Tabelle Nr. IV enthält die zur Verbrennung des disponiblen Wasserstoffs benötigte Luftmenge in kg und cbm und zwar für $\left(H - \frac{O}{8}\right)$ 0,4—0,9 und 1,8—4,2, hier nach 0,02 v. H. fortschreitend. Die Verbrennungsgasmengen, welche nach der Verbrennung resultieren, bestehen einmal aus CO_2

und N sowie ferner aus H_2O und N; die Werte hierfür sind mit Anlehnung an die vorerwähnten Grenzen in den Tabellen Nr. V, VI, VII und VIII enthalten. Die geringen Gasmengen, welche aus dem hygroskopischen Wasser H_2O und dem Stickstoff N des Brennstoffs herrühren, müssten hinzuaddiert werden, um die gesamte Gasmenge zu erhalten. Selbstverständlich handelt es sich hier um theoretische Mengen, welche praktisch um den jeweiligen Betrag des Luftüberschusses Lu vergrößert werden müssen.

Zur Ableitung von Lu gibt es nur den Weg über die Ermittlung der Zusammensetzung des Verbrennungsgases; man benutzt die Komponenten CO_2, O oder auch beide und erhält folgende Ansätze:

$$Lu = \frac{CO_{2\,max}}{Vg_{co_2}}$$

$$Lu = \frac{CO_{2\,m}}{Vg_{co_2}}$$

5. . . . . . . $$Lu = \frac{21}{21 - Vg_o}$$

$$Lu = \frac{21}{21 - 79\frac{O}{N}}.$$

Hier bedeutet $CO_{2\,max}$ die bei theoretischer Verbrennung sich bildende CO_2, welche **von der Art des Brennstoffs abhängt**; $CO_{2\,m}$ ist der gleiche Wert, jedoch gemittelt für eine gewisse Sorte von Brennstoffen; Vg_{co_2} und Vg_o der in den Verbrennungsgasen enthaltene Anteil an Kohlensäure und Sauerstoff; O und N sind ebenfalls im Vol. v. H. angegebene Mengen Sauerstoff und Stickstoff in den Verbrennungsgasen.

Allen Anforderungen an Genauigkeit und Einfachheit, d. h. also die Unnötigkeit der Erkenntnis der jeweiligen Brennstoffzusammensetzung, entspricht Formel 5, für welche in Tabelle Nr. IX die dem vorhandenen Sauerstoffgehalt der Verbrennungsgase entsprechende überschüssige Luftmenge Lu in v. H. zu entnehmen ist.

Über den Wert der einzelnen Formeln läßt sich kurz

folgendes anführen. Verwendung finden z. B. drei in ihrer Zusammensetzung grundverschiedene Brennstoffe und zwar
  Nr. 1 eine Braunkohle aus dem Pilsener Becken,
  » 2 eine Steinkohle aus dem oberschlesischen Zentralrevier,
  » 3 ein Koks aus dem rheinisch-westfälischen Gebiet.

Nr.	1.		2.		3.	
C .... v. H.	54,4		74,6		84,2	
H .... «	4,2		4,8		0,4	
S .... «	0,3		1,1		1,5	
H_2O .. «	18,1		1,5		1,6	
Rückstände «	5,1		8,2		10,6	
O .... «	16,8		8,4		1,7	
N .... «	1,1		1,4		0,0	
$\left(H - \dfrac{O}{8}\right)$ «	2,1		3,8		0,2	
L_v .... cbm	5,39		7,64		7,52	
Vg_v CO_2 «	1,01	18,3 v. H.	1,39	17,7 v. H.	1,57	20,8 v. H.
H_2O «	0,23	4,2 «	0,42	5,4 «	0,02	0,3 «
N «	4,27	77,5 «	6,04	76,9 «	5,95	78,9 «
Σ «	5,51		7,85		7,54	

Da nun sämtliche Gasanalysen bei Temperaturen gemacht werden, welche ein Kondensieren des Wasserdampfes mit sich bringen, muſs man die Zusammensetzung von Vg_v so umrechnen, daſs kein Wasser in demselben enthalten ist. Zugleich sei angenommen, daſs in den Verbrennungsgasen eine 200 v. H. überschüssige Luftmenge vorhanden ist. Prüft man weiter die einzelnen Lu-Formeln, so erhält man folgendes (S. 6 oben):

Die Einfachheit der Formel 5 mit Tabelle Nr. IX ist hier ohne weiteres erkennbar.

Hat man es nicht mit festen, sondern mit gasförmigen Brennstoffen, allgemein Generatorgasen, zu tun, so erhält man die zur Verbrennung nötige Luftmenge L_k in kg und in cbm L_v pro 1 kg Gas, wenn die Zusammensetzung in Gewicht v. H. vorliegt, zu

$$6.\quad L_k = \frac{2{,}46\,CO + 34{,}48\,H + 17{,}23\,CH_4 + 14{,}78\,C_2H_4}{100}$$

Nr.		1.		2.		3.	
Vg_v ohne H_2O { CO_2 cbm		1,01	19,1 v. H.	1,39	18,7 v. H.	1,57	20,9 v. H.
N «		4,27	80,9 «	6,04	81,3 «	5,95	79,1 «
Σ ..... «		5,28		7,43		7,52	
$Vg_v + Lu =$ { CO_2 cbm		1,01	9,4 v. H.	1,39	9,2 v. H.	1,57	10,4 v. H.
200 v. H. O «		1,13	10,6 «	1,60	10,6 «	1,58	10,5 «
N «		8,53	80,0 «	12,08	80,2 «	11,89	79,1 «
Σ ..... «		10,67		15,07		15,04	
Lu nach $\dfrac{CO_{2\,max}}{Vg_{co_2}}$ ..		203		203		200	
« « $\dfrac{CO_{2m}}{Vg_{co_2}} = 19,6$		208		213		188	
« « $\dfrac{21}{21 - Vg_o}$.		202		202		200	
« « $\dfrac{21}{21 - 79\dfrac{O}{N}}$.		199		199		199	

7. $L_v = \dfrac{1,91\ CO + 26,72\ H + 13,35\ CH_4 + 11,45\ C_2H_4}{100}$

Die hieraus resultierende Verbrennungsgasmenge in kg Vg_k oder cbm Vg_v ebenfalls für 1 kg Brenngas beträgt:

8. $Vg_k = \dfrac{3,46\ CO + 35,48\ H + 18,23\ CH_4 + 15,78\ C_2H_4}{100}$
$+ \dfrac{CO_2 + N}{100}$

9. $Vg_v = \dfrac{2,31\ CO + 32,33\ H + 14,75\ CH_4 + 12,25\ C_2H_4}{100}$
$+ \dfrac{0,508\ CO_2 + 0,797\ N}{100}$.

Im Gegensatz zu den festen Brennstoffen, bei welchem immer von der Gewichtseinheit ausgegangen wird, erfordern viele Berechnungen bei Generatorgasen als weitere Maßangabe die Volumeinheit, gleich 1 cbm, selbstverständlich immer bei Normalbedingungen.

Die Verbrennungsgasmenge für 1 cbm Generatorgas in kg Lk_{cbm} oder in cbm Lv_{cbm} erhält man, wenn die Zusammensetzung in Volum v. H. vorliegt, zu

10. $$Lk_{cbm} = \frac{3{,}08\,CO + 3{,}07\,H + 12{,}32\,CH_4 + 18{,}49\,C_2H_4}{100}$$

11. $$Lv_{cbm} = \frac{2{,}39\,CO + 2{,}38\,H + 9{,}55\,CH_4 + 14{,}44\,C_2H_4}{100}$$

und die resultierende Verbrennungsgasmenge pro 1 cbm Generatorgas in kg Vgk_{cbm} oder cbm Vgv_{cbm} zu

12. $$Vgk_{cbm} = \frac{4{,}33\,CO + 3{,}16\,H + 13{,}03\,CH_4 + 23{,}23\,C_2H_4}{100} + \frac{1{,}966\,CO_2 + 1{,}255\,N}{100}$$

13. $$Vgv_{cbm} = \frac{2{,}89\,CO + 2{,}88\,H + 10{,}55\,CH_4 + 15{,}47\,C_2H_4}{100} + \frac{CO_2 + N}{100}.$$

Es ist hier wiederum der Wassergehalt der Gase, welche ja technisch meist über Wasser bei Zimmertemperaturen gemessen werden, aufser acht gelassen; derselbe müfste für besondere Zwecke besonders bestimmt und zum Verbrennungsgasquantum addiert werden. Das gleiche gilt natürlich auch von der überschüssigen Luftmenge.

2. Gasmengen bei Vergasung von Brennstoffen.

Werden Brennstoffe in Generatoren vergast, so ist die Kenntnis der pro 1 kg produzierten Gasmenge nötig; bei gröfseren Mengen versagen direkte Bestimmungen, und man mufs den gleichen Weg einschlagen, welcher zur Ableitung der Luft und Verbrennungsgasmenge bei direkter Verbrennung benutzt wurde.

Hier kann ebenfalls die Gasmenge pro 1 kg Brennstoff in kg oder cbm angegeben werden, und zwar geht man in beiden Fällen vom Kohlenstoffgehalt C v. H. des Brennstoffs aus. Nach Tabelle Nr. I enthält z. B. 1 kg Kohlenoxyd, CO, 0,428 kg Kohlenstoff; hat man ferner ein Gas, welches 50 v. H. dem Gewichte nach Kohlenoxyd enthält, so beträgt die Kohlenstoffmenge K_k in 1 kg Gas $0{,}01 \cdot (50 \cdot 0{,}428) = 0{,}214$ kg und die Gasmenge in kg pro 1 kg Brennstoff $\dfrac{0{,}01 \cdot 80}{0{,}214} = 3{,}74$ kg, wenn der Brennstoff 80 v. H. C enthielt. Man muſs hier also analog dem Vorgange bei den Formeln 6 bis 9 die in Volum v. H. ermittelte Gaszusammensetzung in Gewicht v. H. umrechnen, was unter Benutzung der Tabelle Nr. II, Zeile 2, geschehen könnte.

Liegt also die Gaszusammensetzung in Gewicht v. H. vor, so erhält man den Kohlenstoffgehalt pro 1 kg Gas in kg K_k gemäſs

$$14. \quad K_k = \frac{0{,}428\, CO + 0{,}272\, CO_2 + 0{,}748\, CH_4 + 0{,}857\, C_2H_4}{100}$$

und die Gasmenge in kg pro 1 kg Brennstoff G_k zu

$$15. \quad\quad\quad\quad G_k = \frac{0{,}01 \cdot C\text{ v. H.}}{K_k}.$$

Aus dem Kohlenstoffgehalt in kg pro 1 cbm Gas K_v kann die Gasmenge in cbm G_v analog berechnet werden. Die Gase CO, CO_2, CH_4 enthalten nach Tabelle Nr. II, Zeile 3 pro 1 cbm Gas 0,536 kg Kohlenstoff, während Äthylen die doppelte Menge $= 1{,}072$ kg enthält; der Einfachheit wegen wird man die in Volum v. H. gefundene Menge C_2H_4 verdoppeln. Die Kohlenstoffmenge in kg pro 1 cbm Gas K_v, wenn die Zusammensetzung in Volum v. H. vorliegt, ist dann

$$16. \quad K_v = \frac{[(CO + CO_2 + CH_4) \cdot 0{,}536 + (C_2H_4 \cdot 1{,}072)]}{100}$$

oder einfacher

$$16^a. \quad K_v = \frac{(CO + CO_2 + CH_4 + 2\, C_2H_4) \cdot 0{,}536}{100}.$$

Bei den Volum-Formeln 16 und 16^a ist nun die stillschweigende Voraussetzung gemacht, daſs die Gastemperatur 0^0 C betrage; will man aber die Gasmengen bei den wirklich vorhandenen Temperaturen wissen, so muſs entweder das Gasvolumen mit Hilfe des Ausdehnungskoeffizienten berechnet oder aber, was einfacher ist, die Kohlenstoffmenge in 1 cbm Gas bei der Temperatur $t = K_{vt}$ in Ansatz gebracht werden.

Für die Temperaturen $0-1200^0$ sind sowohl die Ausdehnungswerte als auch K_{vt} in Tabelle Nr. X neben anderen Zahlen enthalten, auf die noch später zurückgekommen werden soll.

Z. B. beträgt bei 850^0 C

$$K_{vt} = \frac{(CO + CO_2 + CH_4 + 2\,C_2H_4) \cdot 0{,}130}{100}$$

und

$$G_v = \frac{0{,}01 \cdot C\,v.\,H.}{K_{vt}} \text{ usw.}$$

3. Der Wärmeinhalt von Gasen und Dämpfen und die Heizwerte brennbarer Substanzen.

Sind Gasmengen und Zusammensetzung bekannt, liegt weiter eine Temperaturbestimmung vor, so bedarf es nur noch der Erkenntnis der spezifischen Wärme, um den Wärmeinhalt des Gases berechnen zu können. Für die hier gedachten Verwendungszwecke kommt allein die spezifische Wärme bei konstantem Druck cp in Betracht; diese hat wie die Werte der spezifischen Wärme überhaupt bekanntlich ihre Grundlage in der Substanzmenge 1 kg. Um also diese Zahl verwenden zu können, müsste man alle Volum-Angaben wie Gaszusammensetzung und Gasmenge in Gewichtseinheiten umrechnen; oder aber, was oftmals vorteilhafter und hier geschehen ist, man berechnet sich Relativwerte der spezifischen Wärme bei konstantem Druck, aber gleichem Volumen, hier 1 cbm Substanz. Dabei wird nur vorausgesetzt, dafs aufser den vollkommenen Gasen auch Wasserdampf und Kohlensäure den Gesetzen für ideale Gase folgen, eine Annahme, die für unsere Zustandsbedingungen und Genauigkeitsverhältnisse zu machen berechtigt ist.

Zur Ableitung der mittleren spezifischen Wärme, für die hier in Betracht kommenden Fälle von $0°$ an gerechnet, wurden die von Schreber korrigierten Daten Mallard und le Chateliers unter Benutzung der Langenschen Untersuchungen verwandt*).

Danach hat man für die spezifische Wärme bei konstantem Volumen und für molekulare Mengen μcv folgende Werte in Ansatz zu bringen:

α) vollkommene Gase $= \mu cv = 4{,}57 + 0{,}0011\ T$;
β) Kohlensäure, gasförmig $= \mu cv = 6{,}774 + 0{,}00378\ T$.

Nimmt man weiter an, daß das Verhältnis für die spezifischen Wärmen bei konstantem Druck und konstantem Volumen für $\alpha = 1{,}410$ und für $\beta = 1{,}311$ beträgt, so erhält man aus obigen Ansätzen für μcp

α) $= 6{,}443 + 0{,}0011\ T$ und
β) $= 8{,}883 + 0{,}00378\ T$.

Die mittleren spezifischen Wärmen für konstanten Druck und 1 kg endlich unter Berücksichtigung der von $0°$ C ab zu führenden Berechnung und unter Einfügung des Langenschen Wertes für Wasserdampf cp_m sind dann

17. . cp_m H $= 3{,}221 + (0{,}00055 \cdot [t + 273])$
18. . cp_m CH_4 $= 0{,}403 + (0{,}000069 \cdot [t + 273])$
19. . cp_m H_2O $= 0{,}438 + (0{,}0001195 \cdot t)$
20. . cp_m CO, C_2H_4, N $= 0{,}230 + (0{,}00039 \cdot [t + 273])$
21. . cp_m O $= 0{,}201 + (0{,}000034 \cdot [t + 273])$
22. . cp_m CO_2 $= 0{,}202 + (0{,}000086 \cdot [t + 273])$
23. . cp_m Luft $= 0{,}253 + (0{,}000038 \cdot [t + 273])$.

Für Temperaturen bis $1200°$ sind diese Werte in Tabelle Nr. XI enthalten.

Um endlich die Relativwerte der von $0°$ an gerechneten mittleren spezifischen Wärme bei konstantem Druck aber gleichem Volumen von 1 cbm cpm_{cbm} zu erhalten, sind unter Benutzung der in Tabelle Nr. X angegebenen Gasgewichte γ bei konstantem Druck und verschiedenen Temperaturen sowie

---

*) Lorenz, Technische Wärmelehre 1904, pag. 405.

der Werte cp_m aus Tabelle Nr. XI die Werte cpm_{cbm} für Temperaturen bis 1200^0 in Tabelle Nr. XII zusammengestellt.

Für alle gleichatomigen Gase ist es ein theoretisches Erfordernis, daſs die spezifischen Wärmen pro Volumeinheit alle gleichen Wert besitzen; demnach könnte man für H, CH_4, CO, C_2H_4, N, O und Luft nur eine Zahlenreihe beanspruchen; jedoch sind in Tabelle Nr. XII die wirklichen Berechnungswerte wiedergegeben, welche nach Abrundung der dritten Dezimale unter Benutzung der konstanten Werte der Tabellen Nr. I und II erhalten werden.

Man ist mit Tabelle Nr. XII nunmehr in der Lage, den Wärmeinhalt von Gasen zu berechnen, ohne die Reduktion auf gewichtsprozentische Zusammensetzung und kg statt cbm vorzunehmen.

Liegen keine direkten Ermittlungen des Heizwertes einer brennbaren Substanz im Kalorimeter vor, so erhält man auf Grund der bekannten Zusammensetzung annäherungsweise den Heizwert Hw_{kg} nach dem Ansatz

$$24.\quad Hw_{kg} = \frac{8080\,C + 28766\left(H - \frac{O}{8}\right) + 2230\,S - 600\,H_2O}{100}.$$

Hierbei ist selbstverständlich vorausgesetzt, daſs die Zusammensetzung in Gew. v. H. angegeben ist, ein Fall, der für feste und flüssige Brennstoffe immer zutrifft.

Andere Verhältnisse jedoch trifft man bei Brenngasen an; hier können die Heizwerte sowohl für 1 kg als auch für 1 cbm Substanz verlangt werden.

Liegt die Zusammensetzung in Gew. v. H. vor, so erhält man den Heizwert Hw_{kg} für 1 kg Brenngas zu

$$25.\quad Hw_{kg} = \frac{2442\,CO + 28766\,H + 11983\,CH_4 + 11364\,C_2H_4}{100}.$$

Für 1 cbm Brenngas von 0^0 C erhält man den Heizwert, wenn die Gaszusammensetzung in Volum v. H. vorliegt, Hw_{cbm}, gemäſs

$$26.\quad Hw_{cbm} = \frac{3055\,CO + 2561\,H + 8577\,CH_4 + 14216\,C_2H_4}{100}.$$

Der Heizwert eines Gases bei anderen Temperaturen als $0°$ C kann entweder durch Multiplikation mit dem Wert $\frac{1000}{1+\alpha t}$ der Tabelle Nr. X erhalten werden, oder aber man setzt die entsprechenden Heizwerte pro 1 cbm Gas bei konstantem Druck und verschiedenen Temperaturen aus Tabelle Nr. XIII in Formel 26 ein.

Neben dem Heizwert der brennbaren Gase bei anderen Temperaturen als $0°$ C ist es oftmals notwendig, die Gesamtwärme λ zu wissen, welche einmal aus dem Heizwert und weiter aus der durch höhere Temperatur bedingten Eigenwärme zusammengesetzt ist.

Sowohl für die Kilogramm- als auch für die Cubikmeter-Werte tritt dieser Fall ein; unter Benutzung der Zahlen aus den Tabellen Nr. I und Nr. II, Zeile 12 und aus den Tabellen Nr. XI, XII und XIII kann die Bestimmung der Gesamtwärme vorgenommen werden. Selbstverständlich würde sich die Gesamtwärme eines an sich nicht mehr brennbaren Gases, wie z. B. Kohlensäure, lediglich aus dem Wert der Eigenwärme $cp_m \cdot t°$ C oder $cpm_{cbm} \cdot t°$ C zusammensetzen.

In den Tabellen Nr. XIV und Nr. XV sind die Werte der Gesamtwärme λ_{kg} und λ_{cbm} von Gasen, bestehend aus dem Heizwert und aus der Eigenwärme sowohl für 1 kg als auch für 1 cbm Substanz bei verschiedenen Temperaturen bis $1200°$ C berechnet.

Die Gesamtwärme λ_{kg} eines Gases für 1 kg, wenn die Zusammensetzung in Gew. v. H. vorliegt, ist **unter Benutzung der Werte der Tabelle Nr. XIV**

27. $\lambda_{kg} = \dfrac{\lambda CO + \lambda H + \lambda CH_4 + \lambda C_2H_4 + \lambda CO_2 + \lambda N + \lambda O}{100}$.

Die Gesamtwärme λ_{cbm} eines Gases für 1 cbm, wenn die Zusammensetzung in Vol. v. H. vorliegt, ist **unter Benutzung der Werte der Tabelle XV**

28. $\lambda_{cbm} = \dfrac{\lambda CO + \lambda H + \lambda CH_4 + \lambda C_2H_4 + \lambda CO_2 + \lambda N + \lambda O}{100}$.

In beiden Formeln bedeuten wie früher CO, H usw. die im Gew. oder Vol. v. H. angegebenen Anteile des Gases.

Für die Zahlenwerte der Luft bei gewöhnlichen Temperaturen ist eine besondere Tabelle, Nr. XVI, angefügt, welche innerhalb der ortsüblichen Grenzen alle nötigen Daten enthält.

Die Wärmeverhältnisse und andere Werte des Wasserdampfes endlich sind in der Tabelle Nr. XVII enthalten; derselben sind die mittleren spezifischen Wärmen cp_m für die verschiedenen Drücke und Temperaturen beigefügt und den Versuchen von Oscar Knoblauch und Max Jacob[*]) entnommen. Gegenüber den analogen Werten in Tabelle Nr. XI sind hier einige ziffernmäfsige Unterschiede enthalten, vor allem aber die schon anderweitig beobachtete Tatsache, dafs die spezifische Wärme bei gleichem Druck mit steigender Temperatur zunächst abnimmt, um nach Erreichung eines Minimalwertes bei zunehmender Temperatur wieder gröfser zu werden. Die Ursache der Abweichungen ist von den oben genannten Autoren auch in der unten vermerkten Literatur erklärt.

Auf jeden Fall empfiehlt es sich, die Knoblauch-Jacobschen Werte der Tabelle Nr. XVII immer dann anzuwenden, wenn z. B. der Wärmeinhalt pro 1 kg überhitzten Arbeitsdampfes bei höheren Spannungen berechnet werden soll; andererseits bedeutet es keinen grofsen Fehler, wenn der Langensche Wert aus Tabelle Nr. XI bei Wärmeinhaltsberechnungen von Verbrennungsgasen, also bei ausschliefslich atmosphärischem Druck und höherer Temperatur, benutzt wird, trotzdem derselbe die soeben erwähnte Charakteristik nicht aufweist. Diese Tatsache ergibt sich ohne weiteres aus den prozentualen Anteilen, welche der Wasserdampf in den Verbrennungsgasen besitzt.

Zum Schlufs mögen noch einige Beispiele über die Anwendung der Formeln und Tabellen folgen.

Für einen Brennstoff von der Zusammensetzung

C . . . . 76,4 Gew. v. H.
H . . . . 4,5 « «
S . . . . 1,0 « «
H_2O . . . 3,5 « «
Rückstände . 5,1 « «
O + N . . 9,5 « «

---

[*]) Zeitschr. d. Ver. dtsch. Ing. 51, Nr. 4, pag. 128.

erhält man $\left(H - \dfrac{O}{8}\right)$ zu $(4,5 - 1,1) = 3,44$, wobei allgemein für $N = 1$ gesetzt wird, wenn $O + N$ zusammen angegeben ist. Luftbedarf in kg L_k und in cbm L_v erhält man nach Tabelle Nr. III und IV zu

	L_k	L_v
	kg	cbm
C	8,76	6,78
$\left(H - \dfrac{O}{8}\right)$	1,18	0,91
Σ ...	9,94	7,69

Beträgt die Temperatur weiter 16^0, so hat man für 7,69 cbm, welche ja für 0^0 berechnet sind, noch den Wert aus der Tabelle Nr. XIV $16^0 \; 1 + \alpha t = 1,059$ zu entnehmen und zu multiplizieren, um das wirkliche Volumen bei 16^0 zu erhalten.

Die Verbrennungsgasmenge in kg Vg_k und in cbm Vg_v beträgt nach Tabelle Nr. V bis Nr. VIII.

	Vg_k				Vg_v			
	CO_2	H_2O	N	Σ	CO_2	H_2O	N	Σ
	kg	kg	kg	kg	cbm	cbm	cbm	cbm
C	2,80	—	6,72	9,52	1,42	—	5,36	6,78
$H - \dfrac{O}{8}$.	—	0,31	0,91	1,22	—	0,38	0,73	1,11
H_2O ..	—	0,03	—	0,03	—	0,04	—	0,04
N	—	—	0,01	0,01	—	—	0,01	0,01
Σ ...				10,78				7,94

Bei einem Versuch wurde festgestellt, daß in den Verbrennungsgasen 6,3 Vol. v. H. Sauerstoff enthalten ist; nach Tabelle Nr. IX hat man demnach 143 v. H. mehr Verbrennungsluft, als theoretisch erforderlich ist. Die Temperatur des Gases wurde zu 300^0 C bestimmt.

Der Wärmeinhalt der pro 1 kg Brennstoff tatsächlich produzierten Verbrennungsgasmenge, hier z. B. in kg, Vg_k, ausgedrückt, ist wie folgt zu ermitteln:

$$L_k = 9,94 \text{ kg} \quad L_u = 143 \text{ v. H.} = \left(\dfrac{9,94 \cdot 143}{100}\right) = (14,21 - 9,94)$$

$= 4,27$ kg überschüssige Luft, bestehend aus

$(4,27 \cdot 0,232) =$ 0,99 kg O
$(4,27 \cdot 0,768) =$ 3,28 kg N
zusammen 4,27 kg Luft.

Diese müssen also noch zum theoretischen Quantum addiert werden; man erhält dann

	CO_2	H_2O	O	N
	kg	kg	kg	kg
C	2,80	—	—	6,72
$\left(H - \dfrac{O}{8}\right)$ . . .	—	0,31	—	0,91
H_2O	—	0,03	—	—
N	—	—	—	0,01
Überschuſs Luft	—	—	0,99	3,28
Σ	2,80	0,34	0,99	10,92

oder zusammengefaſst

2,80 kg = 18,5 Gew. v. H. CO_2
0,34 « = 2,3 « « H_2O
0,99 « = 6,6 « « O
10,92 « = 72,6 « « N
Σ: 15,05 kg = 100,0 Gew. v. H. Verbrennungsgas.

Nach Tabelle Nr. XI beträgt die mittlere spezifische Wärme cp_m für 300^0 C und

$CO_2 = 0,251$
$H_2O = 0,474$
O $= 0,220$
N $= 0,253$,

woraus sich die gesamte mittlere spezifische Wärme des Verbrennungsgases zu

$CO_2 = 18,5$ Gew. v. H. $\cdot\ 0,251 = 4,64$
$H_2O = 2,3$ « « $\cdot\ 0,474 = 1,09$
O $= 6,6$ « « $\cdot\ 0,220 = 1,45$
N $= 72,6$ « « $\cdot\ 0,253 = 18,37$
$\dfrac{\Sigma}{100} = 0,2555$

ergibt, mithin $0{,}2555 \cdot 300 \cdot 15{,}05 = 1154$ W. E. in dem aus 1 kg Brennstoff stammenden Verbrennungsgas enthalten sind.

In einem anderen Fall wurde z. B. an einem mit Anthrazit geführten Generator folgendes ermittelt:

Brennstoffzusammensetzung:
- C . . . 84,6 Gew. v. H.
- H . . . 2,7 « «
- S . . . 0,8 « «
- H_2O . . 3,5 « «
- Rückstände 5,6 « «
- O + N . . 2,8 « «

Generatorgaszusammensetzung:
- CO_2 . . . 9,8 Vol. v. H.
- CO . . . 20,8 « «
- H . . . 15,4 « «
- CH_4 . . 2,0 « «
- O . . . 0,6 « «
- N . . . 51,4 « «

Die Temperatur des Gases am Teerabscheider betrug im Mittel 450° C.

Die Gasmenge pro 1 kg Brennstoff in cbm G_v erhält man dann:

Nach Tabelle Nr. X ist der Faktor für den Kohlenstoffgehalt Kv_t bei 450° C = 0,204 kg; mithin ist der Kohlenstoffgehalt des Generatorgases K_{vt} nach Formel

$$K_{vt} = \frac{(9{,}8 + 20{,}8 + 2{,}0) \cdot 0{,}204}{100} = 0{,}066 \text{ kg pro 1 cbm}$$

und pro 1 kg Brennstoff mit C. v. H. = 84,6 erhält man

$$\frac{0{,}01 \cdot 84{,}6}{0{,}066} = 12{,}8 \text{ cbm Generatorgas von } 450° \text{ C.}$$

Die Eigenwärme und der Heizwert des Gases pro 1 cbm werden weiter unter Benutzung der Tabellen Nr. XII und XIII ermittelt.

Die Eigenwärme erhält man zu

	CO_2	CO	H	CH_4	O	N
$cpm_{cbm} + 450°$ C	0,198	0,124	0,120	0,121	0,123	0,124
$cpm_{cbm} \cdot$ Vol. v. H.	1,94	2,58	1,85	0,24	0,07	6,37

woraus cpm_{cbm} für das Generatorgas $= 0{,}131$ wird und die Eigenwärme bei $450°$ C $0{,}131 \cdot 450 = 58$ W. E. beträgt.

Nach Tabelle Nr. XIII erhält man den Heizwert pro 1 cbm Generatorgas von $450°$ C zu

$$CO = 20{,}8 \cdot 1164 = 242 \text{ W. E.}$$
$$H = 15{,}4 \cdot 976 = 150 \text{ «}$$
$$CH_4 = 2{,}0 \cdot 3268 = \underline{65 \text{ «}}$$
$$\Sigma = 457 \text{ W. E.,}$$

so daſs zusammen in 1 cbm Generatorgas von $450°$ C $58 + 457 = 515$ W. E. enthalten sind oder 1 kg Brennstoff zu $515 \cdot 12{,}8$ cbm $= 6592$ W. E. in Form von Gas umgeformt wird.

Sowohl diese Art der Berechnung als auch die des Wärmeinhaltes der Verbrennungsgase aus dem Beispiel auf Seite 15 kann schnell und bequem an Hand der Tabellen Nr. XIV und Nr. XV durchgeführt werden.

Das Verbrennungsgas pro 1 kg Brennstoff betrug $15{,}05$ kg, hatte eine Temperatur von $300°$ C und bestand aus

$$CO_2 = 18{,}5 \text{ Gew. v. H.}$$
$$H_2O = 2{,}3 \text{ « «}$$
$$O = 6{,}6 \text{ « «}$$
$$N = 72{,}6 \text{ « «}$$

Mit Hilfe der Tabelle Nr. XIV erhält man für diese Zustandsbedingungen:

$$CO_2 = 18{,}5 \cdot 75 = 1387{,}5$$
$$H_2O = 2{,}3 \cdot 142 = 326{,}6$$
$$O = 6{,}6 \cdot 66 = 435{,}6$$
$$N = 72{,}6 \cdot 76 = \underline{5517{,}6}$$
$$\frac{\Sigma}{100} = 76{,}7 \text{ W. E.}$$

d. h. 1 kg Gas von $300°$ C und von vorerwähnter Zusammensetzung besitzt an Gesamtwärme $\lambda_{kg} = 76{,}7$ W. E., das sind bei $15{,}05$ kg Gas pro 1 kg Brennstoff 1154 W. E., notwendigerweise das gleiche Resultat wie vorher.

In dem anderen Beispiel erhielt man pro 1 kg Brennstoff 12,8 cbm Generatorgas von 450° C; unter Anlehnung an Tabelle Nr. XV erhält man weiter:

$$
\begin{aligned}
CO_2 &= 9,8 \text{ Vol. v. H.} \cdot 89 = 872,2 \\
CO &= 20,8 \text{ « } \text{ « } \cdot 1218 = 25334,4 \\
H &= 15,4 \text{ « } \text{ « } \cdot 1030 = 15862,0 \\
CH_4 &= 2,0 \text{ « } \text{ « } \cdot 3322 = 6644,0 \\
O &= 0,6 \text{ « } \text{ « } \cdot 54 = 32,4 \\
N &= 51,4 \text{ « } \text{ « } \cdot 54 = 2775,6 \\
&\quad\quad\quad\quad\quad \frac{\Sigma}{100} = 515 \text{ W. E.}
\end{aligned}
$$

Für 1 kg Generatorgas hat man demnach 515 W. E. Gesamtwärme λ_{cbm}, mithin für 12,8 cbm = 6592 W. E.

Will man hier, also bei Gegenwart noch brennbarer Gase, die Eigenwärme allein wissen, so hat man nur nötig, die Heizwerte der Brenngase aus Tabelle Nr. XIII in Abzug zu bringen.

Demnach erhält man

$$
\begin{aligned}
CO &= 20,8 \cdot 1164 = 242 \text{ W. E.} \\
H &= 15,4 \cdot 976 = 150 \text{ «} \\
CH_4 &= 2,0 \cdot 3268 = 65 \text{ «} \\
&\quad\quad\quad\quad \Sigma\ 457 \text{ W. E.}
\end{aligned}
$$

$515 - 457 = 58$ W. E. $\times$ 12,8 cbm = 742 W. E.

Die Gesamtwärme λ_{cbm} setzt sich demnach zusammen aus

$$
\begin{aligned}
&742 \text{ W. E. Eigenwärme} \\
&\underline{5850 \text{ « Heizwert}} \\
\Sigma\ &6592 \text{ W. E.}
\end{aligned}
$$

Liegt ein Fall vor, dafs die nötige Luftmenge zur Verbrennung für 1 cbm Generatorgas Lv_{cbm} von 450° C ermittelt werden soll, so müssen die nach Formel 11 berechneten Mengen, welche ja nur für Gas von 0° C und Luft von 0° C gelten, rektifiziert werden, und zwar durch die in den Tabellen Nr. X und XVI enthaltenen Werte $\frac{1,000}{1 + \alpha t}$ und $1 + \alpha t$; für 450° C hat man $\frac{1,000}{1 + \alpha t} = 0,381$; für Lufttemperatur von 25° C

z. B. hat man $1 + \alpha t = 1{,}092$; mit $1{,}092$ muſs demnach, wie im vorerwähnten Beispiel, die errechnete Luftmenge Lv_{cbm} multipliziert werden; dann erhielt man den Wert Luft $= 25^0$, Gas $= 0^0$ C; für ein Generatorgas mit einer Temperatur von 450^0 C sind demnach jedoch nur $Lv_{cbm} \cdot 0{,}381$ cbm Luft nötig.

Will man aber feststellen, wieviel Verbrennungsluft gebraucht wird oder Verbrennungsgas in kg pro 1 kg Gas Vg_k resultiert, so muſs man die in Vol. v. H. angegebene Gaszusammensetzung in Gew. v. H. umrechnen und das Verbrennungsgasquantum nach Formel 8 ermitteln.

Es liegt ein Mischgas folgender Zusammensetzung vor:

CO_2 = 5,9 Vol. v. H.
CO = 21,8 « «
H = 16,5 « «
CH_4 = 2,1 « «
N = 53,7 « «

Die Zusammensetzung in Gew. v. H. ist dann:

$5{,}9 \cdot 1{,}966 =$ $11{,}60 =$ 10,6 Gew. v. H. CO_2
$21{,}8 \cdot 1{,}251 =$ $27{,}27 =$ 24,9 « « CO
$16{,}5 \cdot 0{,}089 =$ $1{,}47 =$ 1,3 « « H
$2{,}1 \cdot 0{,}715 =$ $1{,}50 =$ 1,3 « « CH_4
$53{,}7 \cdot 1{,}255 =$ $67{,}39 =$ 61,9 « « N

$$\frac{\Sigma}{100} \; 1{,}092 \text{ kg.}$$

Die Zahlen der zweiten Reihe sind der Tabelle Nr. II entnommen, die Gew. v. H. erhält man $\dfrac{0{,}01 \cdot 11{,}60}{1{,}092}$ CO_2 usw.

Die Verbrennungsgasmenge in kg pro 1 kg Mischgas Vg_k ist demnach nach Formel 8

$$Vg_k = \frac{3{,}46 \cdot 24{,}9 + 35{,}48 \cdot 1{,}3 + 18{,}23 \cdot 1{,}3}{100} + \frac{10{,}6 + 61{,}9}{100}$$
$$= 2{,}28 \text{ kg.}$$

Diese wenigen Beispiele werden die Anwendungen der Formeln und Tabellen zur Genüge klarlegen.

Tabellen I—XVII[b].

Tabelle
Konstanten für

	Name der Substanz	Kohlenstoff C	Wasserstoff H_2	Sauerstoff O_2
1.	**Molekulargewicht**	12	2	32
2.	**Volumen für 1 kg** .... cbm	—	11,235	0,699
	Zusammensetzung für 1 kg			
3.	Kohlenstoff .... kg	1,00	—	—
4.	Wasserstoff .... „	—	1,00	—
5.	Sauerstoff .... „	—	—	1,00
6.	Stickstoff .... „	—	—	—
	Zusammensetzung für 1 kg			
7.	Kohlenstoff .... v. H.	100,0	—	—
8.	Wasserstoff .... „	—	100,0	—
9.	Sauerstoff .... „	—	—	100,0
10.	Stickstoff .... „	—	—	—
	Wärmewert für 1 kg			
11.	α) Verbrennungswärme ... W. E.	8080	34166	—
12.	β) Heizwert .... „	8080	28766	—
13.	**Verbrennungsgleichung**	$C+O_2=$ CO_2	$H_2+O=$ H_2O	—
	Zur Verbrennung erfordern			
14.	α) Gasvolumen	—	2	—
15.	β) Sauerstoffvolumen	—	1	—
	und geben nach der Verbrennung			
16.	γ) Kohlensäurevolumen	—	—	—
17.	δ) Wasservolumen	—	2	—
	Luftmenge zur Verbrennung von 1 kg			
18.	α) in kg	11,46	34,48	—
19.	β) in cbm	8,88	26,72	—
	Verbrennungsgas von 1 kg Substanz			
20.	α) in kg	12,46	35,48	—
21.	β) in cbm	8,88	32,33	—
	Verbrennungsgaszusammensetzung für 1 kg Substanz			
22.	α) Kohlensäure .... kg	3,66	—	—
23.	β) Wasser .... „	—	9,00	—
24.	γ) Stickstoff .... „	8,80	26,48	—
25.	α) Kohlensäure ..... kg v. H.	29,4	—	—
26.	β) Wasser .... „ „ „	—	25,4	—
27.	γ) Stickstoff .... „ „ „	70,6	74,6	—
28.	α) Kohlensäure .... cbm	1,86	—	—
29.	β) Wasser .... „	—	11,22	—
30.	γ) Stickstoff .... „	7,02	21,11	—
31.	α) Kohlensäure ..... cbm v. H.	21,0	—	—
32.	β) Wasser .... „ „ „	—	34,7	—
33.	γ) Stickstoff .... „ „ „	79,0	65,3	—

Tabelle I.

Nr. I.
1 kg Substanz.

Stickstoff N_2	Kohlen-oxyd CO	Kohlen-säure CO_2	Wasser-dampf H_2O	Methan CH_4	Äthylen C_2H_4	Luft
28	28	44	18	16	28	—
0,797	0,800	0,508	1,243	1,398	0,800	0,775
—	0,428	0,272	—	0,748	0,857	—
—	—	—	0,111	0,252	0,143	—
—	0,572	0,728	0,889	—	—	0,232
1,00	—	—	—	—	—	0,768
—	42,8	27,2	—	74,8	85,7	—
—	—	—	11,1	25,2	14,3	—
—	57,2	72,8	88,9	—	—	23,2
100,0	—	—	—	—	—	76,8
—	2442	—	—	13333	12144	—
—	2442	—	—	11983	11364	—
—	$CO+O= CO_2$	—	—	$CH_4+2O_2= CO_2+2H_2O$	$C_2H_4+3O_2= 2CO_2+2H_2O$	—
—	2	—	—	2	2	—
—	1	—	—	4	6	—
—	2	—	—	2	4	—
—	—	—	—	4	4	—
—	2,46	—	—	17,23	14,78	—
—	1,91	—	—	13,35	11,45	—
—	3,46	—	—	18,23	15,78	—
—	2,31	—	—	14,75	12,25	—
—	1,57	—	—	2,75	3,17	—
—	—	—	—	2,25	1,30	—
—	1,89	—	—	13,23	11,31	—
—	45,4	—	—	15,1	20,1	—
—	—	—	—	12,3	8,2	—
—	54,6	—	—	72,6	71,7	—
—	0,80	—	—	1,40	1,60	—
—	—	—	—	2,80	1,60	—
—	1,51	—	—	10,55	9,05	—
—	34,6	—	—	9,6	13,1	—
—	—	—	—	18,9	13,1	—
—	65,4	—	—	71,5	73,8	—

Tabelle
Konstanten für

	Name der Substanz	Wasserstoff H_2	Sauerstoff O_2	Stickstoff N_2
1.	Molekulargewicht	2	32	28
2.	Gewicht für 1 cbm . . . . kg	0,089	1,430	1,255
	Zusammensetzung für 1 cbm			
3.	Kohlenstoff . . . . kg	—	—	—
4.	Wasserstoff . . . . „	0,089	—	—
5.	Sauerstoff . . . . „	—	1,430	—
6.	Stickstoff . . . . „	—	—	1,255
	Zusammensetzung für 1 cbm			
7.	Kohlenstoff . . . . v. H.	—	—	—
8.	Wasserstoff . . . . „	100,0	—	—
9.	Sauerstoff . . . . „	—	100,0	—
10.	Stickstoff . . . . „	—	—	100,0
	Wärmewert für 1 cbm			
11.	α) Verbrennungswärme . . . W. E.	3041	—	—
12.	β) Heizwert . . . . „	2561	—	—
13.	**Verbrennungsgleichung**	$H_2 + O =$ H_2O	—	—
	Zur Verbrennung erfordern			
14.	α) Gasvolumen	2	—	—
15.	β) Sauerstoffvolumen	1	—	—
	und geben nach der Verbrennung			
16.	γ) Kohlensäurevolumen	—	—	—
17.	δ) Wasservolumen	2	—	—
	Luftmenge zur Verbrennung von 1 cbm			
18.	α) in kg	3,07	—	—
19.	β) in cbm	2,38	—	—
	Verbrennungsgas von 1 cbm Substanz			
20.	α) in kg	3,16	—	—
21.	β) in cbm	2,88	—	—
	Verbrennungsgaszusammensetzung für 1 cbm Substanz			
22.	α) Kohlensäure . . . . kg	—	—	—
23.	β) Wasser . . . . „	0,80	—	—
24.	γ) Stickstoff . . . . „	2,36	—	—
25.	α) Kohlensäure . . . . kg v. H.	—	—	—
26.	β) Wasser . . . . . . „ „ „	25,4	—	—
27.	γ) Stickstoff . . . . . „ „ „	74,6	—	—
28.	α) Kohlensäure . . . . cbm	—	—	—
29.	β) Wasser . . . . „	1,00	—	—
30.	γ) Stickstoff . . . . „	1,88	—	—
31.	α) Kohlensäure . . . . cbm v. H.	—	—	—
32.	β) Wasser . . . . . . „ „ „	34,7	—	—
33.	γ) Stickstoff . . . . . „ „ „	65,3	—	—
34.	Spezifisches Gewicht, bezogen auf Luft als 1	0,069	1,108	0,972

Tabelle II.

Nr. II.
1 cbm Substanz.

Kohlenoxyd CO	Kohlensäure CO_2	Wasserdampf H_2O	Methan CH_4	Äthylen C_2H_4	Luft
28	44	18	16	28	—
1,251	1,966	0,804	0,715	1,251	1,291
0,536	0,536	—	0,536	1,072	—
—	—	0,089	0,179	0,179	—
0,715	1,430	0,715	—	—	0,300
—	—	—	—	—	0,991
42,8	27,2	—	74,8	85,7	—
—	—	11,1	25,2	14,3	—
57,2	72,8	88,9	—	—	23,2
—	—	—	—	—	76,8
3055	—	—	9537	15356	—
3055	—	—	8577	14216	—
$CO + O = CO_2$	—	—	$CH_4 + 2\,O_2 = CO_2 + 2\,H_2O$	$C_2H_4 + 3\,O_2 = 2\,CO_2 + 2\,H_2O$	—
2	—	—	2	2	—
1	—	—	4	6	—
2	—	—	2	4	—
—	—	—	4	4	—
3,08	—	—	12,32	18,49	—
2,39	—	—	9,55	14,44	—
4,33	—	—	13,03	23,23	—
2,89	—	—	10,55	15,47	—
1,97	—	—	1,97	4,67	—
—	—	—	1,60	1,90	—
2,36	—	—	9,46	16,66	—
45,4	—	—	15,1	20,1	—
—	—	—	12,3	8,2	—
54,6	—	—	72,6	71,7	—
—	—	—	1,00	2,03	—
1,00	—	—	2,00	2,03	—
1,89	—	—	7,55	11,41	—
—	—	—	9,6	13,1	—
34,6	—	—	18,9	13,1	—
65,4	—	—	71,5	73,8	—
0,969	1,523	0,623	0,554	0,969	1,000

Tabelle III.

Tabelle Nr. III.
Luftmenge für Verbrennung des Kohlenstoffs.

$$L_k = \frac{11{,}46\ C}{100}. \qquad L_v = \frac{8{,}88\ C}{100}.$$

C v. H.	kg ,0	kg ,2	kg ,4	kg ,6	kg ,8	C v. H.	cbm ,0	cbm ,2	cbm ,4	cbm ,6	cbm ,8
45	5,16	5,18	5,20	5,23	5,25	45	4,00	4,01	4,03	4,05	4,07
46	5,27	5,29	5,32	5,34	5,37	46	4,08	4,10	4,12	4,14	4,16
47	5,39	5,41	5,43	5,46	5,48	47	4,17	4,19	4,21	4,23	4,24
48	5,50	5,52	5,55	5,57	5,60	48	4,26	4,28	4,30	4,32	4,33
49	5,62	5,64	5,66	5,69	5,71	49	4,35	4,37	4,39	4,40	4,42
50	5,73	5,75	5,78	5,80	5,82	50	4,44	4,46	4,48	4,49	4,51
51	5,84	5,86	5,89	5,91	5,94	51	4,53	4,55	4,56	4,58	4,60
52	5,96	5,98	6,00	6,03	6,05	52	4,62	4,64	4,65	4,67	4,69
53	6,07	6,09	6,12	6,14	6,17	53	4,71	4,72	4,74	4,76	4,78
54	6,19	6,21	6,24	6,26	6,28	54	4,80	4,81	4,83	4,85	4,87
55	6,30	6,32	6,35	6,37	6,40	55	4,88	4,90	4,92	4,94	4,95
60	6,88	6,91	6,93	6,95	6,97	60	5,32	5,35	5,36	5,38	5,40
61	6,99	7,02	7,04	7,07	7,09	61	5,42	5,43	5,45	5,47	5,49
62	7,11	7,13	7,16	7,18	7,20	62	5,51	5,52	5,54	5,56	5,58
63	7,22	7,24	7,26	7,28	7,31	63	5,59	5,61	5,63	5,65	5,67
64	7,33	7,35	7,38	7,40	7,43	64	5,68	5,70	5,72	5,74	5,75
65	7,45	7,47	7,49	7,51	7,53	65	5,77	5,79	5,81	5,82	5,84
66	7,56	7,59	7,61	7,64	7,66	66	5,86	5,88	5,90	5,91	5,93
67	7,68	7,70	7,73	7,75	7,77	67	5,95	5,97	5,99	6,00	6,02
68	7,79	7,81	7,84	7,86	7,89	68	6,04	6,06	6,07	6,09	6,11
69	7,91	7,93	7,96	7,98	8,00	69	6,13	6,14	6,16	6,18	6,20
70	8,02	8,05	8,07	8,10	8,12	70	6,22	6,23	6,25	6,27	6,29
71	8,14	8,16	8,19	8,21	8,23	71	6,30	6,32	6,34	6,36	6,38
72	8,25	8,27	8,30	8,32	8,35	72	6,39	6,41	6,43	6,45	6,46
73	8,37	8,39	8,42	8,44	8,46	73	6,48	6,50	6,52	6,54	6,55
74	8,48	8,51	8,53	8,56	8,58	74	6,57	6,59	6,61	6,62	6,64
75	8,60	8,62	8,65	8,67	8,69	75	6,66	6,68	6,70	6,71	6,73
76	8,71	8,74	8,76	8,79	8,81	76	6,75	6,77	6,78	6,80	6,82
77	8,83	8,86	8,88	8,90	8,92	77	6,84	6,86	6,87	6,89	6,91
78	8,94	8,97	8,99	9,02	9,04	78	6,93	6,94	6,96	6,98	7,00
79	9,06	9,08	9,11	9,13	9,15	79	7,02	7,03	7,05	7,07	7,09
80	9,17	9,20	9,22	9,25	9,27	80	7,10	7,12	7,14	7,16	7,17
81	9,29	9,31	9,33	9,35	9,38	81	7,19	7,21	7,23	7,25	7,26
82	9,40	9,43	9,45	9,48	9,50	82	7,28	7,30	7,32	7,33	7,35
83	9,52	9,54	9,57	9,59	9,61	83	7,37	7,39	7,41	7,42	7,44
84	9,63	9,66	9,68	9,70	9,72	84	7,46	7,48	7,49	7,51	7,53
85	9,74					85	7,55				

Tabelle IV.

Tabelle Nr. IV.
Luftmenge für Verbrennung des Wasserstoffs.

$$L_k = \frac{34{,}48\left(H - \frac{O}{8}\right)}{100}. \qquad L_v = \frac{26{,}72\left(H - \frac{O}{8}\right)}{100}.$$

$\left(H-\frac{O}{8}\right)$ v. H.	kg ,00	kg ,02	kg ,04	kg ,06	kg ,08	$\left(H-\frac{O}{8}\right)$ v. H.	cbm ,00	cbm ,02	cbm ,04	cbm ,06	cbm ,08
0,4	0,14	0,14	0,15	0,16	0,16	0,4	0,11	0,11	0,12	0,12	0,13
0,5	0,17	0,18	0,19	0,19	0,20	0,5	0,14	0,14	0,15	0,15	0,16
0,6	0,21	0,21	0,22	0,22	0,23	0,6	0,16	0,17	0,17	0,18	0,18
0,7	0,24	0,25	0,26	0,26	0,27	0,7	0,19	0,19	0,20	0,20	0,21
0,8	0,28	0,28	0,29	0,30	0,30	0,8	0,21	0,22	0,22	0,23	0,23
0,9	0,31	0,32	0,32	0,33	0,34	0,9	0,24	0,24	0,25	0,25	0,26
1,8	0,62	0,63	0,64	0,64	0,65	1,8	0,48	0,48	0,49	0,49	0,50
1,9	0,66	0,66	0,67	0,67	0,68	1,9	0,50	0,51	0,51	0,52	0,52
2,0	0,69	0,69	0,70	0,70	0,71	2,0	0,53	0,53	0,54	0,55	0,55
2,1	0,72	0,73	0,74	0,74	0,75	2,1	0,56	0,56	0,57	0,57	0,58
2,2	0,76	0,76	0,77	0,77	0,78	2,2	0,58	0,59	0,59	0,60	0,61
2,3	0,79	0,80	0,80	0,81	0,82	2,3	0,61	0,61	0,62	0,62	0,63
2,4	0,83	0,83	0,84	0,84	0,85	2,4	0,63	0,64	0,64	0,65	0,65
2,5	0,86	0,86	0,87	0,87	0,88	2,5	0,66	0,66	0,67	0,68	0,68
2,6	0,89	0,90	0,90	0,91	0,92	2,6	0,69	0,69	0,70	0,70	0,71
2,7	0,93	0,93	0,94	0,94	0,95	2,7	0,71	0,72	0,72	0,73	0,73
2,8	0,96	0,97	0,97	0,98	0,99	2,8	0,74	0,74	0,75	0,75	0,76
2,9	1,00	1,00	1,01	1,01	1,02	2,9	0,77	0,77	0,78	0,78	0,79
3,0	1,03	1,03	1,04	1,04	1,05	3,0	0,80	0,81	0,81	0,82	0,82
3,1	1,06	1,07	1,07	1,08	1,09	3,1	0,83	0,83	0,84	0,84	0,85
3,2	1,10	1,10	1,11	1,11	1,12	3,2	0,85	0,85	0,86	0,87	0,87
3,3	1,13	1,14	1,14	1,15	1,16	3,3	0,88	0,88	0,89	0,89	0,90
3,4	1,17	1,17	1,18	1,18	1,19	3,4	0,90	0,90	0,91	0,92	0,92
3,5	1,20	1,20	1,21	1,21	1,22	3,5	0,93	0,93	0,94	0,95	0,95
3,6	1,23	1,24	1,24	1,25	1,26	3,6	0,96	0,97	0,97	0,98	0,98
3,7	1,27	1,27	1,28	1,28	1,29	3,7	0,99	0,99	1,00	1,00	1,01
3,8	1,30	1,31	1,31	1,32	1,33	3,8	1,02	1,02	1,03	1,03	1,04
3,9	1,34	1,35	1,35	1,36	1,37	3,9	1,04	1,05	1,05	1,06	1,06
4,0	1,38	1,38	1,39	1,39	1,40	4,0	1,07	1,07	1,08	1,09	1,09
4,1	1,41	1,42	1,42	1,43	1,44	4,1	1,10	1,10	1,11	1,11	1,12
4,2	1,45					4,2	1,12				

Tabelle V. — 28 —

Tabelle Nr. V.
Kohlenstoff-Verbrennungsgasmenge in Kilogramm.

$$Vg_k = \frac{12{,}46 \, C}{100}.$$

C v. H.	,0			,2			,4			,6			,8		
	CO_2	N	Σ	CO_2	N	Σ	CO_2	N	Σ	CO_2	N	Σ	CO_2	N	Σ
45	1,65	3,96	5,61	1,66	3,97	5,63	1,66	4,00	5,66	1,67	4,01	5,68	1,68	4,03	5,71
46	1,68	4,05	5,73	1,69	4,07	5,76	1,70	4,08	5,78	1,71	4,10	5,81	1,71	4,12	5,83
47	1,72	4,14	5,86	1,73	4,15	5,88	1,74	4,17	5,91	1,74	4,19	5,93	1,75	4,21	5,96
48	1,76	4,22	5,98	1,77	4,24	6,01	1,77	4,26	6,03	1,78	4,28	6,06	1,79	4,29	6,08
49	1,80	4,31	6,11	1,80	4,33	6,13	1,81	4,35	6,16	1,82	4,36	6,18	1,83	4,38	6,21
50	1,83	4,40	6,23	1,84	4,41	6,25	1,85	4,43	6,28	1,85	4,45	6,30	1,86	4,47	6,33
51	1,87	4,48	6,35	1,88	4,50	6,38	1,88	4,52	6,40	1,89	4,54	6,43	1,90	4,55	6,45
52	1,91	4,57	6,48	1,91	4,59	6,50	1,92	4,61	6,53	1,93	4,62	6,55	1,93	4,65	6,58
53	1,94	4,66	6,60	1,95	4,68	6,63	1,96	4,69	6,65	1,96	4,72	6,68	1,97	4,73	6,70
54	1,98	4,74	6,72	1,98	4,77	6,75	1,99	4,79	6,78	2,00	4,80	6,80	2,01	4,82	6,83
55	2,01	4,84	6,85	2,02	4,86	6,88	2,03	4,87	6,90	2,04	4,89	6,93	2,04	4,91	6,95
60	2,20	5,28	7,48	2,20	5,30	7,50	2,21	5,32	7,53	2,22	5,33	7,55	2,23	5,35	7,58
61	2,23	5,37	7,60	2,24	5,39	7,63	2,25	5,40	7,65	2,26	5,42	7,68	2,26	5,44	7,70
62	2,27	5,46	7,73	2,28	5,47	7,75	2,28	5,49	7,77	2,29	5,51	7,80	2,30	5,52	7,82
63	2,31	5,54	7,85	2,31	5,56	7,87	2,32	5,58	7,90	2,33	5,59	7,92	2,34	5,61	7,95
64	2,34	5,63	7,97	2,35	5,65	8,00	2,36	5,66	8,02	2,37	5,68	8,05	2,37	5,70	8,07
65	2,38	5,72	8,10	2,39	5,73	8,12	2,40	5,75	8,15	2,40	5,77	8,17	2,41	5,79	8,20
66	2,42	5,80	8,22	2,43	5,82	8,25	2,43	5,84	8,27	2,44	5,86	8,30	2,45	5,87	8,32
67	2,45	5,90	8,35	2,46	5,91	8,37	2,47	5,93	8,40	2,48	5,94	8,42	2,48	5,97	8,45
68	2,49	5,98	8,47	2,50	6,00	8,50	2,50	6,02	8,52	2,51	6,04	8,55	2,52	6,05	8,57
69	2,53	6,07	8,60	2,53	6,09	8,62	2,54	6,11	8,65	2,55	6,12	8,67	2,55	6,15	8,70
70	2,56	6,16	8,72	2,57	6,18	8,75	2,58	6,19	8,77	2,59	6,21	8,80	2,59	6,23	8,82
71	2,60	6,25	8,85	2,61	6,26	8,87	2,62	6,28	8,90	2,62	6,30	8,92	2,63	6,32	8,95
72	2,64	6,33	8,97	2,65	6,35	9,00	2,65	6,37	9,02	2,66	6,39	9,05	2,67	6,40	9,07
73	2,68	6,42	9,10	2,68	6,44	9,12	2,69	6,46	9,15	2,70	6,47	9,17	2,70	6,50	9,20
74	2,71	6,51	9,22	2,72	6,53	9,25	2,73	6,54	9,27	2,73	6,57	9,30	2,74	6,58	9,32
75	2,75	6,59	9,34	2,75	6,62	9,37	2,76	6,63	9,39	2,77	6,65	9,42	2,78	6,66	9,44
76	2,78	6,69	9,47	2,79	6,70	9,49	2,80	6,72	9,52	2,80	6,74	9,54	2,81	6,76	9,57
77	2,82	6,77	9,59	2,83	6,79	9,62	2,83	6,81	9,64	2,84	6,83	9,67	2,85	6,84	9,69
78	2,86	6,86	9,72	2,86	6,88	9,74	2,87	6,90	9,77	2,88	6,91	9,79	2,89	6,93	9,82
79	2,89	6,95	9,84	2,90	6,97	9,87	2,91	6,98	9,89	2,92	7,00	9,92	2,92	7,02	9,94
80	2,93	7,04	9,97	2,94	7,05	9,99	2,95	7,07	10,02	2,95	7,09	10,04	2,96	7,11	10,07
81	2,97	7,12	10,09	2,98	7,14	10,12	2,98	7,16	10,14	2,99	7,18	10,17	3,00	7,19	10,19
82	3,00	7,22	10,22	3,01	7,23	10,24	3,02	7,25	10,27	3,03	7,26	10,29	3,03	7,29	10,32
83	3,04	7,30	10,34	3,05	7,32	10,37	3,05	7,34	10,39	3,06	7,36	10,42	3,07	7,37	10,44
84	3,08	7,39	10,47	3,08	7,41	10,49	3,09	7,43	10,52	3,10	7,44	10,54	3,11	7,46	10,57
85	3,11	7,48	10,59												

Tabelle VI.

Tabelle Nr. VI.
Kohlenstoff-Verbrennungsgasmenge in Cubikmeter.

$$Vg_v = \frac{8{,}88\,C}{100}.$$

C v. H.	,0			,2			,4			,6			,8		
	CO_2	N	Σ	CO_2	N	Σ	CO_2	N	Σ	CO_2	N	Σ	CO_2	N	Σ
45	0,84	3,16	4,00	0,84	3,17	4,01	0,85	3,18	4,03	0,85	3,20	4,05	0,85	3,22	4,07
46	0,86	3,22	4,08	0,86	3,24	4,10	0,87	3,25	4,12	0,87	3,27	4,14	0,87	3,29	4,16
47	0,88	3,29	4,17	0,88	3,31	4,19	0,88	3,33	4,21	0,89	3,34	4,23	0,89	3,35	4,24
48	0,89	3,37	4,26	0,90	3,38	4,28	0,90	3,40	4,30	0,91	3,41	4,32	0,91	3,42	4,33
49	0,91	3,44	4,35	0,92	3,45	4,37	0,92	3,47	4,39	0,92	3,48	4,40	0,93	3,49	4,42
50	0,93	3,51	4,44	0,94	3,52	4,46	0,94	3,54	4,48	0,94	3,55	4,49	0,95	3,56	4,51
51	0,95	3,58	4,53	0,96	3,59	4,55	0,96	3,60	4,56	0,96	3,62	4,58	0,97	3,63	4,60
52	0,97	3,65	4,62	0,97	3,67	4,64	0,97	3,68	4,65	0,98	3,69	4,67	0,98	3,71	4,69
53	0,99	3,72	4,71	0,99	3,73	4,72	1,00	3,74	4,74	1,00	3,76	4,76	1,00	3,78	4,78
54	1,01	3,79	4,80	1,01	3,80	4,81	1,01	3,82	4,83	1,02	3,83	4,85	1,02	3,85	4,87
55	1,02	3,86	4,88	1,03	3,87	4,90	1,03	3,89	4,92	1,04	3,90	4,94	1,04	3,91	4,95
60	1,12	4,20	5,32	1,12	4,23	5,35	1,13	4,23	5,36	1,13	4,25	5,38	1,13	4,27	5,40
61	1,14	4,28	5,42	1,14	4,29	5,43	1,14	4,31	5,45	1,15	4,32	5,47	1,15	4,34	5,49
62	1,16	4,35	5,51	1,16	4,36	5,52	1,16	4,38	5,54	1,17	4,39	5,56	1,17	4,41	5,58
63	1,17	4,42	5,59	1,18	4,43	5,61	1,18	4,45	5,63	1,19	4,46	5,65	1,19	4,48	5,67
64	1,19	4,49	5,68	1,20	4,50	5,70	1,20	4,52	5,72	1,21	4,53	5,74	1,21	4,54	5,75
65	1,21	4,56	5,77	1,22	4,57	5,79	1,22	4,59	5,81	1,22	4,60	5,82	1,23	4,61	5,84
66	1,23	4,63	5,86	1,23	4,65	5,88	1,24	4,66	5,90	1,24	4,67	5,91	1,25	4,68	5,93
67	1,25	4,70	5,95	1,25	4,72	5,97	1,26	4,73	5,99	1,26	4,74	6,00	1,26	4,76	6,02
68	1,27	4,77	6,04	1,27	4,79	6,06	1,27	4,80	6,07	1,28	4,81	6,09	1,28	4,83	6,11
69	1,29	4,84	6,13	1,29	4,85	6,14	1,29	4,87	6,16	1,30	4,88	6,18	1,30	4,90	6,20
70	1,31	4,91	6,22	1,31	4,92	6,23	1,31	4,94	6,25	1,32	4,95	6,27	1,32	4,97	6,29
71	1,32	4,98	6,30	1,33	4,99	6,32	1,33	5,01	6,34	1,34	5,02	6,36	1,34	5,04	6,38
72	1,34	5,05	6,39	1,35	5,06	6,41	1,35	5,08	6,43	1,35	5,10	6,45	1,35	5,11	6,46
73	1,36	5,12	6,48	1,36	5,14	6,50	1,37	5,15	6,52	1,37	5,17	6,54	1,37	5,18	6,55
74	1,38	5,19	6,57	1,38	5,21	6,59	1,39	5,22	6,61	1,39	5,23	6,62	1,39	5,25	6,64
75	1,40	5,26	6,66	1,40	5,28	6,68	1,41	5,29	6,70	1,41	5,30	6,71	1,41	5,32	6,73
76	1,42	5,35	6,75	1,42	5,35	6,77	1,42	5,36	6,78	1,43	5,37	6,80	1,43	5,39	6,82
77	1,44	5,40	6,84	1,44	5,42	6,86	1,44	5,43	6,87	1,45	5,44	6,89	1,45	5,46	6,91
78	1,46	5,47	6,93	1,46	5,48	6,94	1,46	5,50	6,96	1,47	5,51	6,98	1,47	5,53	7,00
79	1,47	5,55	7,02	1,47	5,56	7,03	1,48	5,57	7,05	1,48	5,59	7,07	1,49	5,60	7,09
80	1,49	5,61	7,10	1,50	5,62	7,12	1,50	5,64	7,14	1,50	5,66	7,16	1,50	5,67	7,17
81	1,51	5,68	7,19	1,51	5,70	7,21	1,52	5,71	7,23	1,52	5,73	7,25	1,52	5,74	7,26
82	1,53	5,75	7,28	1,53	5,77	7,30	1,54	5,78	7,32	1,54	5,79	7,33	1,54	5,81	7,35
83	1,55	5,82	7,37	1,55	5,84	7,39	1,56	5,85	7,41	1,56	5,86	7,42	1,56	5,88	7,44
84	1,57	5,89	7,46	1,57	5,91	7,48	1,57	5,92	7,49	1,58	5,93	7,51	1,58	5,95	7,53
85	1,59	5,96	7,55												

Tabelle VII.

Tabelle Nr. VII.
Wasserstoff-Verbrennungsgasmenge in Kilogramm.

$$Vg_k = \frac{35{,}48 \left(H - \frac{O}{8}\right)}{100}$$

$\left(H-\frac{O}{8}\right)$ v. H.	,00			,02			,04			,06			,08		
	H_2O	N	Σ	H_2O	N	Σ	H_2O	N	Σ	H_2O	N	Σ	H_2O	N	Σ
0,4	0,04	0,10	0,14	0,04	0,11	0,15	0,04	0,12	0,16	0,04	0,12	0,16	0,04	0,13	0,17
0,5	0,05	0,13	0,18	0,05	0,13	0,18	0,05	0,14	0,19	0,05	0,15	0,20	0,06	0,15	0,21
0,6	0,06	0,15	0,21	0,06	0,16	0,22	0,06	0,17	0,23	0,06	0,17	0,23	0,06	0,18	0,24
0,7	0,06	0,19	0,25	0,07	0,19	0,26	0,07	0,19	0,26	0,07	0,20	0,27	0,07	0,21	0,28
0,8	0,07	0,21	0,28	0,07	0,22	0,29	0,08	0,22	0,30	0,08	0,23	0,31	0,08	0,23	0,31
0,9	0,08	0,24	0,32	0,08	0,25	0,33	0,08	0,25	0,33	0,09	0,25	0,34	0,09	0,26	0,35
1,8	0,16	0,48	0,64	0,17	0,48	0,65	0,17	0,48	0,65	0,17	0,49	0,66	0,17	0,50	0,67
1,9	0,17	0,50	0,67	0,17	0,51	0,68	0,18	0,51	0,69	0,18	0,52	0,70	0,18	0,52	0,70
2,0	0,18	0,53	0,71	0,18	0,54	0,72	0,18	0,54	0,72	0,19	0,54	0,73	0,19	0,55	0,74
2,1	0,19	0,55	0,74	0,19	0,56	0,75	0,19	0,57	0,76	0,20	0,57	0,77	0,20	0,57	0,77
2,2	0,20	0,58	0,78	0,20	0,59	0,79	0,20	0,59	0,79	0,20	0,60	0,80	0,21	0,60	0,81
2,3	0,21	0,61	0,82	0,21	0,61	0,82	0,21	0,62	0,83	0,21	0,63	0,84	0,21	0,63	0,84
2,4	0,22	0,63	0,85	0,22	0,64	0,86	0,22	0,65	0,87	0,22	0,65	0,87	0,22	0,66	0,88
2,5	0,23	0,66	0,89	0,23	0,66	0,89	0,23	0,67	0,90	0,23	0,68	0,91	0,23	0,69	0,92
2,6	0,23	0,69	0,92	0,24	0,69	0,93	0,24	0,70	0,94	0,24	0,70	0,94	0,24	0,71	0,95
2,7	0,25	0,71	0,96	0,25	0,71	0,96	0,25	0,72	0,97	0,25	0,73	0,98	0,25	0,74	0,99
2,8	0,25	0,74	0,99	0,25	0,75	1,00	0,26	0,75	1,01	0,26	0,75	1,01	0,26	0,76	1,02
2,9	0,26	0,77	1,03	0,26	0,78	1,04	0,26	0,78	1,04	0,27	0,78	1,05	0,27	0,79	1,06
3,0	0,27	0,79	1,06	0,27	0,80	1,07	0,27	0,81	1,08	0,28	0,81	1,09	0,28	0,81	1,09
3,1	0,28	0,82	1,10	0,28	0,83	1,11	0,28	0,83	1,11	0,28	0,84	1,12	0,29	0,84	1,13
3,2	0,29	0,85	1,14	0,29	0,85	1,14	0,29	0,86	1,15	0,29	0,87	1,16	0,29	0,87	1,16
3,3	0,30	0,87	1,17	0,30	0,88	1,18	0,30	0,89	1,19	0,30	0,89	1,19	0,30	0,90	1,20
3,4	0,31	0,90	1,21	0,31	0,90	1,21	0,31	0,91	1,22	0,31	0,92	1,23	0,31	0,92	1,23
3,5	0,31	0,93	1,24	0,32	0,93	1,25	0,32	0,94	1,26	0,32	0,94	1,26	0,32	0,95	1,27
3,6	0,33	0,95	1,28	0,33	0,95	1,28	0,33	0,96	1,29	0,33	0,97	1,30	0,33	0,98	1,31
3,7	0,33	0,98	1,31	0,34	0,98	1,32	0,34	0,99	1,33	0,34	0,99	1,33	0,34	1,00	1,34
3,8	0,34	1,01	1,35	0,35	1,01	1,36	0,35	1,01	1,36	0,35	1,02	1,37	0,35	1,03	1,38
3,9	0,35	1,03	1,38	0,35	1,04	1,39	0,36	1,04	1,40	0,36	1,04	1,40	0,36	1,05	1,41
4,0	0,36	1,06	1,42	0,36	1,07	1,43	0,36	1,07	1,43	0,37	1,07	1,44	0,37	1,08	1,45
4,1	0,37	1,08	1,45	0,37	1,09	1,46	0,37	1,10	1,47	0,38	1,10	1,48	0,38	1,10	1,48
4,2	0,38	1,11	1,49												

Tabelle VIII.

Tabelle Nr. VIII.

Wasserstoff-Verbrennungsgasmenge in Cubikmeter.

$$Vg_v = \frac{32{,}33 \left(H - \frac{O}{8}\right)}{100}$$

$\left(H-\frac{O}{8}\right)$ v. H.	,00			,02			,04			,06			,08		
	H_2O	N	Σ	H_2O	N	Σ	H_2O	N	Σ	H_2O	N	Σ	H_2O	N	Σ
0,4	0,04	0,09	0,13	0,05	0,09	0,14	0,05	0,09	0,14	0,05	0,10	0,15	0,06	0,10	0,16
0,5	0,06	0,10	0,16	0,06	0,11	0,17	0,06	0,11	0,17	0,06	0,12	0,18	0,07	0,12	0,19
0,6	0,07	0,12	0,19	0,07	0,13	0,20	0,07	0,14	0,21	0,07	0,14	0,21	0,08	0,14	0,22
0,7	0,08	0,15	0,23	0,08	0,15	0,23	0,08	0,16	0,24	0,09	0,16	0,25	0,09	0,16	0,25
0,8	0,09	0,17	0,26	0,09	0,18	0,27	0,09	0,18	0,27	0,10	0,18	0,28	0,10	0,18	0,28
0,9	0,10	0,19	0,29	0,10	0,20	0,30	0,10	0,20	0,30	0,11	0,20	0,31	0,11	0,21	0,32
1,8	0,20	0,38	0,58	0,20	0,39	0,59	0,20	0,39	0,59	0,21	0,39	0,60	0,21	0,40	0,61
1,9	0,21	0,40	0,61	0,21	0,41	0,62	0,22	0,41	0,63	0,22	0,41	0,63	0,22	0,42	0,64
2,0	0,22	0,43	0,65	0,22	0,43	0,65	0,23	0,43	0,66	0,23	0,44	0,67	0,23	0,44	0,67
2,1	0,23	0,45	0,68	0,24	0,45	0,69	0,24	0,45	0,69	0,24	0,46	0,70	0,24	0,46	0,70
2,2	0,24	0,47	0,71	0,25	0,47	0,72	0,25	0,47	0,72	0,25	0,48	0,73	0,25	0,49	0,74
2,3	0,25	0,49	0,74	0,26	0,49	0,75	0,26	0,50	0,76	0,26	0,50	0,76	0,26	0,51	0,77
2,4	0,27	0,51	0,78	0,27	0,51	0,78	0,27	0,52	0,79	0,28	0,52	0,80	0,28	0,52	0,80
2,5	0,28	0,53	0,81	0,28	0,53	0,81	0,28	0,54	0,82	0,29	0,54	0,83	0,29	0,54	0,83
2,6	0,29	0,55	0,84	0,29	0,56	0,85	0,29	0,56	0,85	0,30	0,56	0,86	0,30	0,57	0,87
2,7	0,30	0,57	0,87	0,30	0,58	0,88	0,31	0,58	0,89	0,31	0,58	0,89	0,31	0,59	0,90
2,8	0,31	0,60	0,91	0,31	0,60	0,91	0,32	0,60	0,92	0,32	0,60	0,92	0,32	0,61	0,93
2,9	0,32	0,62	0,94	0,32	0,62	0,94	0,33	0,62	0,95	0,33	0,63	0,96	0,33	0,63	0,96
3,0	0,33	0,64	0,97	0,34	0,64	0,98	0,34	0,64	0,98	0,34	0,65	0,99	0,34	0,66	1,00
3,1	0,34	0,66	1,00	0,35	0,66	1,01	0,35	0,67	1,02	0,35	0,67	1,02	0,35	0,68	1,03
3,2	0,35	0,68	1,03	0,36	0,68	1,04	0,36	0,69	1,05	0,36	0,69	1,05	0,36	0,70	1,06
3,3	0,37	0,70	1,07	0,37	0,70	1,07	0,37	0,71	1,08	0,37	0,72	1,09	0,37	0,72	1,09
3,4	0,38	0,72	1,10	0,38	0,72	1,10	0,38	0,73	1,11	0,39	0,73	1,12	0,39	0,74	1,13
3,5	0,39	0,74	1,13	0,39	0,75	1,14	0,39	0,75	1,14	0,40	0,75	1,15	0,40	0,76	1,16
3,6	0,40	0,76	1,16	0,40	0,77	1,17	0,41	0,77	1,18	0,41	0,77	1,18	0,41	0,78	1,19
3,7	0,41	0,79	1,20	0,41	0,79	1,20	0,42	0,79	1,21	0,42	0,80	1,22	0,42	0,80	1,22
3,8	0,42	0,81	1,23	0,42	0,81	1,23	0,43	0,81	1,24	0,43	0,82	1,25	0,43	0,82	1,25
3,9	0,43	0,83	1,26	0,44	0,83	1,27	0,44	0,83	1,27	0,44	0,84	1,28	0,44	0,85	1,29
4,0	0,44	0,85	1,29	0,45	0,85	1,30	0,45	0,86	1,31	0,45	0,86	1,31	0,45	0,87	1,32
4,1	0,45	0,87	1,32	0,46	0,87	1,33	0,46	0,88	1,34	0,46	0,88	1,34	0,46	0,89	1,35
4,2	0,47	0,89	1,36												

Tabelle IX.

Tabelle Nr. IX.
Luftüberschußmenge aus dem Sauerstoffgehalt der Verbrennungsgase; in v. H.

$$Lu_v = \frac{21}{21 - Vg_o}$$

Sauerstoff i. v. H.	,0	,1	,2	,3	,4	,5	,6	,7	,8	,9
3	117	117	118	119	119	120	121	121	122	123
4	124	124	125	126	126	127	127	128	129	130
5	131	132	133	134	134	135	136	137	138	139
6	140	141	142	143	144	145	146	147	148	149
7	150	151	152	153	154	156	157	158	159	160
8	162	163	164	165	167	168	169	171	172	174
9	175	177	178	179	181	182	184	186	188	190
10	191	193	194	196	198	200	202	204	206	208
11	210	213	214	216	219	221	223	226	228	231
12	233	236	239	241	244	247	250	253	256	259
13	262	266	269	273	276	280	284	288	292	296
14	300									

Tabelle Nr. X.

Gasgewichte bei konstantem Druck und verschiedenen Temperaturen und Kohlenstoffgehalt der Gase CO, CO_2, CH_4, $2 C_2H_4$ in Kilogramm pro 1 cbm.

t^0	$1+\alpha t$	$\dfrac{1{,}000}{1+\alpha t}$	Wasserstoff H γ 1 cbm	Methan CH_4 γ 1 cbm	Wasserdampf H_2O γ 1 cbm	Kohlenoxyd CO Äthylen C_2H_4 γ 1 cbm	Stickstoff N γ 1 cbm	Sauerstoff O γ 1 cbm	Kohlensäure CO_2 γ 1 cbm	Luft γ 1 cbm	Kohlenstoffgehalt d. Gase CO, CO_2, CH_4, $2 C_2H_4$
0	1,000	1,000	0,089	0,715	0,804	1,251	1,255	1,430	1,966	1,291	0,536
100	1,367	0,731	065	523	588	0,914	0,917	1,045	437	0,944	392
150	550	645	057	461	519	807	809	0,922	268	833	346
200	734	576	051	412	463	721	723	824	132	744	309
250	1,917	0,521	0,046	0,373	0,419	0,651	0,654	0,745	1,024	0,673	0,279
300	2,101	476	042	340	383	595	597	681	0,936	615	255
350	284	438	039	313	352	548	550	626	861	565	235
400	468	405	036	290	326	507	508	579	796	523	217
450	651	381	033	272	306	478	478	545	749	492	204
500	2,835	0,353	0,031	0,252	0,284	0,442	0,443	0,505	0,694	0,456	0,189
550	3,018	331	029	237	266	414	415	473	651	427	177
600	202	312	028	223	251	390	392	446	613	403	167
650	385	295	026	211	237	369	370	422	580	381	158
700	569	280	025	200	225	350	351	400	550	361	150
750	752	0,266	0,024	0,190	0,214	0,333	0,334	0,380	0,523	0,343	0,143
800	3,936	254	023	182	204	318	319	363	499	328	136
850	4,119	243	022	174	196	304	305	347	478	314	130
900	303	232	021	166	187	290	291	332	456	300	124
950	486	223	020	159	179	279	280	319	438	288	120
1000	670	0,214	0,019	0,153	0,172	0,268	0,269	0,306	0,421	0,276	0,115
1050	4,853	206	018	147	166	258	259	295	405	266	110
1100	5,037	198	018	142	159	248	248	283	389	256	106
1150	220	191	017	136	154	240	239	273	376	247	103
1200	5,404	0,185	0,016	0,132	0,149	0,231	0,232	0,265	0,364	0,239	0,098

Fuchs, Wärmetechnik.

Tabelle XI.

Tabelle Nr. XI.
Mittlere spezifische Wärme bei konstantem Druck cp_m zwischen $t_0{}^0$ C und $t_n{}^0$ C.

	Wasserstoff H	Methan CH_4	Wasserdampf H_2O	Kohlenoxyd Stickstoff Äthylen CO, N, C_2H_4	Sauerstoff O	Kohlensäure CO_2	Luft
$t_0{}^0$ C = 0	3,371	0,413	0,438	0,241	0,210	0,225	0,231
$t_n{}^0$ C = 100	3,426	0,420	0,450	0,245	0,213	0,234	0,235
150	453	423	456	247	215	238	237
200	481	427	462	249	217	242	239
250	508	430	468	251	218	246	240
300	3,536	0,434	0,474	0,253	0,220	0,251	0,242
350	563	437	480	255	222	255	244
400	591	441	486	257	224	259	246
450	618	444	492	259	225	264	248
500	3,646	0,447	0,498	0,260	0,227	0,268	0,250
550	673	451	504	262	229	272	252
600	701	454	510	264	230	277	254
650	728	458	516	266	232	281	256
700	756	461	523	268	234	285	258
750	3,783	0,465	0,528	0,270	0,235	0,289	0,259
800	811	468	534	272	237	294	261
850	838	472	540	274	239	298	263
900	866	475	546	276	241	302	265
950	893	479	552	278	242	307	267
1000	3,921	0,482	0,557	0,280	0,244	0,311	0,269
1050	948	485	563	282	246	315	271
1100	976	489	569	284	247	320	273
1150	4,003	492	575	286	249	324	275
1200	4,031	496	581	288	251	328	277
1^0 C =	0,00055	0,00069	0,0001195	0,000039	0,000034	0,000086	0,000038

Tabelle Nr. XII.

Relativwerte cpm_{cbm} der mittleren spezifischen Wärme bei konstantem Druck cp_m und gleichem Volumen von 1 cbm zwischen $t_0°$ C und $t_n°$ C.

Tabelle XII.

	Wasserstoff H_2	Methan CH_4	Wasserdampf H_2O	Kohlenoxyd CO Äthylen C_2H_4	Stickstoff N_2	Sauerstoff O_2	Kohlensäure CO_2	Luft
$t_0°$ C = 0	0,300	0,235	0,352	0,301	0,302	0,300	0,442	0,298
$t_n°$ C = 100	0,223	0,219	0,265	0,224	0,225	0,223	0,336	0,222
150	197	195	237	199	200	198	302	198
200	178	176	214	180	180	179	274	178
250	161	160	196	163	164	162	252	162
300	0,149	0,148	0,182	0,151	0,151	0,150	0,235	0,149
350	139	137	169	141	141	139	220	138
400	129	128	158	131	132	130	206	129
450	120	121	150	124	124	123	198	122
500	0,113	0,113	0,141	0,116	0,116	0,115	0,186	0,114
550	107	107	134	108	109	109	177	108
600	102	101	128	103	103	103	170	102
650	097	097	122	098	098	098	163	098
700	094	092	118	094	094	094	157	093
750	0,091	0,088	0,113	0,090	0,090	0,089	0,151	0,089
800	088	085	109	086	087	086	147	086
850	084	082	106	083	084	083	142	083
900	081	079	102	080	080	080	138	080
950	078	076	099	078	078	077	135	077
1000	0,074	0,074	0,096	0,075	0,075	0,075	0,131	0,074
1050	071	071	093	073	073	073	128	072
1100	069	069	090	070	070	070	125	070
1150	066	067	088	069	068	068	122	068
1200	0,064	0,065	0,087	0,067	0,067	0,066	0,119	0,066

Tabelle XIII.

Tabelle Nr. XIII.
Heizwerte in W. E. pro 1 cbm Gas bei konstantem Druck und verschiedenen Temperaturen.

t^0	Wasserstoff H	Kohlenoxyd CO	Methan CH_4	Äthylen C_2H_4
0	2561	3055	8577	14216
100	1872	2233	6270	10392
150	1652	1970	5532	9169
200	1475	1760	4940	8188
250	1334	1592	4469	7407
300	1219	1454	4083	6767
350	1122	1338	3757	6227
400	1037	1237	3474	5757
450	976	1164	3268	5416
500	904	1078	3028	5018
550	848	1011	2839	4705
600	799	953	2676	4435
650	755	901	2530	4194
700	717	855	2402	3980
750	681	813	2281	3781
800	650	776	2179	3611
850	622	742	2084	3454
900	594	709	1990	3298
950	571	681	1913	3170
1000	548	654	1835	3042
1050	528	629	1767	2928
1100	507	605	1698	2815
1150	489	584	1638	2715
1200	474	565	1587	2630

Tabelle Nr. XIV.

Gesamtwärme von Gasen λ_{1kg} in W. E. pro 1 kg Gas bei konstantem Druck und verschiedenen Temperaturen (Heizwert und Eigenwärme).

	Wasserstoff H	Methan CH$_4$	Wasserdampf H$_2$O	Kohlenoxyd CO	Äthylen C$_2$H$_4$	Stickstoff N	Sauerstoff O	Kohlensäure CO$_2$	Luft
$t_0{}^0$ C = 0	28766	11983	—	2442	11364	—	—	—	—
$t_n{}^0$ C = 100	29109	12025	44	2466	11388	24	21	22	23
150	29284	12046	68	2479	11401	37	32	36	36
200	29462	12068	92	2492	11414	50	43	48	48
250	29643	12090	117	2505	11427	63	54	61	60
300	29827	12113	142	2518	11440	76	66	75	73
350	30013	12136	168	2531	11453	89	78	89	85
400	30202	12159	194	2545	11467	103	90	104	98
450	30394	12183	221	2559	11481	117	101	119	112
500	30589	12206	249	2572	11494	130	113	134	125
550	30786	12231	277	2586	11508	144	126	150	139
600	30987	12255	306	2600	11522	158	138	166	152
650	31189	12281	335	2615	11537	173	151	183	166
700	31395	12306	366	2630	11552	188	164	199	181
750	31603	12332	396	2644	11566	202	176	217	194
800	31815	12357	427	2660	11582	218	190	235	209
850	32028	12384	459	2675	11597	233	203	253	224
900	32245	12410	491	2690	11612	248	217	272	238
950	32464	12438	524	2706	11628	264	230	292	254
1000	32687	12465	557	2722	11644	280	244	311	269
1050	32911	12492	591	2738	11660	296	258	331	285
1100	33140	12521	626	2754	11676	312	272	352	300
1150	33369	12549	661	2771	11693	329	286	373	316
1200	33603	12578	697	2788	11710	346	301	394	332

Tabelle Nr. XV.

Gesamtwärme von Gasen λ_{cbm} in W. E. pro 1 cbm Gas bei konstantem Druck und verschiedenen Temperaturen (Heizwert und Eigenwärme).

	Wasserstoff H	Methan CH_4	Wasserdampf H_2O	Kohlenoxyd CO	Äthylen C_2H_4	Stickstoff N Sauerstoff O	Kohlensäure CO_2	Luft
$t_0°\ C = 0$	2561	8577	—	3055	14216	—	—	—
$t_n°\ C = 100$	1894	6292	26	2255	10411	22	34	22
150	1682	5561	36	2000	9199	30	45	29
200	1511	4975	43	1796	8224	36	55	35
250	1374	4509	49	1633	7448	41	63	40
300	1264	4127	55	1499	6812	45	70	44
350	1171	3805	59	1387	6276	49	77	48
400	1089	3525	63	1289	5809	52	82	51
450	1030	3322	67	1218	5470	54	89	54
500	960	3084	70	1135	5075	57	93	56
550	907	2898	74	1070	4764	59	97	59
600	860	2737	77	1014	4496	61	102	61
650	818	2593	80	964	4257	63	106	63
700	783	2466	83	921	4046	66	110	65
750	749	2347	85	881	3849	68	113	67
800	720	2247	87	846	3681	70	117	69
850	693	2154	90	814	3526	72	121	70
900	667	2061	92	782	3371	73	124	71
950	645	1985	94	755	3244	74	128	73
1000	622	1909	96	729	3117	75	131	74
1050	603	1842	98	705	3004	76	134	75
1100	583	1774	100	682	2892	77	137	76
1150	565	1714	102	663	2794	79	140	76
1200	551	1664	104	645	2710	80	143	77

Tabelle Nr. XVI.
Zahlenwerte für Luft bei gewöhnlichen Temperaturen.

t^0	$1+\alpha t$	$\dfrac{1,000}{1+\alpha t}$	Gewicht pro 1 cbm in kg	Maximaler Wassergehalt der Luft in kg pro 1 cbm	Spezifische Wärme c_{pm}	Relative spezifische Wärme pro 1 cbm $c_{pm cbm}$
0	1,000	1,000	1,291	0,0037	0,231	0,298
10	1,037	0,964	1,245	0,0075	0,231	0,287
11	040	961	241	0,0080		286
12	044	957	235	0086		285
13	048	954	232	0092		284
14	051	951	228	0098	0,232	283
15	1,055	0,948	1,224	0,0104	0,232	0,282
16	059	944	219	0111		281
17	062	941	215	0119		280
18	066	938	211	0126		280
19	070	934	206	0135		279
20	1,073	0,931	1,202	0,0143	0,232	0,278
21	077	928	198	0152		277
22	080	925	194	0162		276
23	084	922	190	0172		275
24	088	919	186	0183		274
25	1,092	0,916	1,183	0,0195	0,232	0,273
26	095	913	179	0207		272
27	099	910	175	0219		271
28	103	907	171	0233		270
29	106	904	167	0247		269
30	1,110	0,901	1,163	0,0268	0,232	0,268

Tabelle Nr. XVIIa
für den Wasserdampf.

Druck		Temperatur °C	Gesamt-wärme λ	Volumen pro 1 kg in cbm	Gewicht pro 1 cbm in kg	Mittlere spezifische Wärme c_{pm} des Wasserdampfes nach Knoblauch und Jacob bei						
kg pro qcm	mm Queck-silbersäule					100°C	150°C	200°C	250°C	300°C	350°C	400°C
0,1	73,55	45,579	620,402	15,0131	0,0666							
0,2	147,10	59,755	624,725	7,7816	0,1285							
0,3	220,65	68,742	627,466	5,3019	0,1886							
0,4	294,20	75,467	629,517	4,0397	0,2475							
0,5	367,76	80,899	631,174	3,2722	0,3056							
0,6	441,31	85,484	632,573	2,7550	0,3630							
0,7	514,86	89,469	633,788	2,3823	0,4198							
0,8	588,41	93,003	634,866	2,1000	0,4762							
0,9	661,96	96,187	635,837	1,8799	0,5319							
1,0	735,51	99,088	636,722	1,7023	0,5874	0,463						0,473
1,1	809,06	101,758	637,536	1,5562	0,6426							
1,2	882,61	104,235	638,292	1,4338	0,6974							
1,3	956,16	106,547	638,997	1,3297	0,7520		0,462	0,462	0,463	0,464	0,468	
1,4	1029,71	108,717	639,659	1,2401	0,8064							
1,5	1103,27	110,763	640,283	1,1622	0,8604							
1,6	1176,82	112,699	640,873	1,0938	0,9142							
1,7	1250,37	114,539	641,434	1,0331	0,9679							
1,8	1323,92	116,290	641,968	0,9790	1,0214							
1,9	1397,47	117,966	642,480	0,9305	1,0747							
2,0	1471,02	119,570	642,969	0,8867	1,1278	—	0,478	0,475	0,474	0,475	0,477	0,481
2,1	1544,57	121,109	643,438	0,8470	1,1806							
2,2	1618,12	122,590	643,890	0,8112	1,2327							
2,3	1691,67	124,017	644,325	0,7776	1,2860							
2,4	1765,22	125,395	644,745	0,7471	1,3385							
2,5	1838,78	126,726	645,151	0,7190	1,3908							

Tabelle XVIIa.

2,6	1912,33	128,015	645,545	0,6930	1,4430					0,494
2,7	1985,88	129,264	645,926	0,6688	1,4952					
2,8	2059,43	130,476	646,295	0,6464	1,5452					
2,9	2132,98	131,653	646,654	0,6254	1,5989					
3,0	2206,53	132,798	647,003	0,6058	1,6507					
3,1	2280,08	133,913	647,343	0,5874	1,7024				0,492	
3,2	2353,63	134,999	647,675	0,5702	1,7537					
3,3	2427,18	136,057	647,997	0,5539	1,8053					
3,4	2500,73	137,090	648,312	0,5386	1,8566					
3,5	2574,29	138,099	648,620	0,5242	1,9076					
3,6	2647,84	139,085	648,921	0,5105	1,9588			0,492		
3,7	2721,39	140,049	649,215	0,4975	2,0100					
3,8	2794,94	140,992	649,503	0,4852	2,0609					
3,9	2868,49	141,915	649,784	0,4735	2,1118					
4,0	2942,04	142,820	650,060	0,4624	2,1625		0,495			
4,1	3015,59	143,707	650,331	0,4518	2,2132					
4,2	3089,14	144,576	650,596	0,4417	2,2639					
4,3	3162,69	145,429	650,856	0,4321	2,3141					
4,4	3236,24	146,266	651,111	0,4228	2,3650					
4,5	3309,80	147,088	651,362	0,4140	2,4153					
4,6	3383,35	147,895	651,608	0,4056	2,4653	0,502				
4,7	3456,90	148,689	651,850	0,3974	2,5162					
4,8	3530,45	149,469	652,088	0,3897	2,5659					
4,9	3604,00	150,236	652,322	0,3822	2,6163					
5,0	3677,55	150,991	652,552	0,3750	2,6665					
5,1	3751,10	151,734	652,779	0,3681	2,7165	0,515				
5,2	3824,65	152,465	653,002	0,3615	2,7660					
5,3	3898,20	153,185	653,221	0,3551	2,8159					
5,4	3971,75	153,895	653,438	0,3489	2,8659					
5,5	4045,31	154,594	653,651	0,3429	2,9161					
5,6	4118,86	155,282	653,861	0,3372	2,9654		0,514	0,505	0,503	0,504
5,7	4192,41	155,961	654,068	0,3316	3,0154					
5,8	4265,96	156,631	654,272	0,3263	3,0644					
5,9	4339,51	157,292	654,474	0,3211	3,1140					
6,0	4413,06	157,944	654,673	0,3160	3,1643	0,530				

Tabelle Nr. XVIIb
für den Wasserdampf.

Druck		Temperatur °C	Gesamt-wärme λ	Volumen pro 1 kg in cbm	Gewicht pro 1 cbm in kg	Mittlere spezifische Wärme c_{pm} des Wasserdampfes nach Knoblauch und Jacob bei				
kg pro qcm	mm Quecksilbersäule					200° C	250° C	300° C	350° C	400° C
6,0	4413,06	157,944	654,673	0,3160	3,1643	0,530	0,514	0,505	0,503	0,504
6,1	4486,61	158,587	654,869	0,3112	3,2131					
6,2	4560,16	159,222	655,063	0,3065	3,2623					
6,3	4633,71	159,849	655,254	0,3019	3,3120					
6,4	4707,26	160,467	655,442	0,2975	3,3610					
6,5	4780,82	161,079	655,629	0,2932	3,4103					
6,6	4854,37	161,683	655,813	0,2890	3,4598					
6,7	4927,92	162,279	655,995	0,2850	3,5084					
6,8	5001,47	162,869	656,175	0,2810	3,5583					
6,9	5075,02	163,452	656,353	0,2772	3,6071					
7,0	5148,57	164,028	656,529	0,2735	3,6559					
7,1	5222,12	164,598	656,702	0,2699	3,7047					
7,2	5295,67	165,161	656,874	0,2663	3,7547					
7,3	5369,22	165,718	657,044	0,2629	3,8033					
7,4	5442,77	166,270	657,212	0,2596	3,8516					
7,5	5516,33	166,815	657,379	0,2563	3,9012					
7,6	5589,88	167,355	657,543	0,2532	3,9489					
7,7	5663,43	167,889	657,706	0,2501	3,9979					
7,8	5736,98	168,418	657,867	0,2471	4,0464					
7,9	5810,53	168,941	658,027	0,2441	4,0961					
8,0	5884,08	169,459	658,185	0,2413	4,1437	0,597	0,552	0,530	0,522	0,520
8,1	5957,63	169,972	658,341	0,2385	4,1923					
8,2	6031,18	170,480	658,496	0,2357	4,2421					
8,3	6104,73	170,983	658,650	0,2331	4,2894					
8,4	6178,28	171,482	658,802	0,2305	4,3378					

Tabelle XVII b.

8,5	6251,84	171,976	658,953	0,2279	4,3872					
8,6	6325,39	172,465	659,102	0,2254	4,4359					
8,7	6398,94	172,950	659,250	0,2230	4,4836					
8,8	6472,49	173,430	659,396	0,2206	4,5324					
8,9	6546,04	173,905	659,541	0,2183	4,5801					
9,0	6619,59	174,379	659,686	0,2160	4,6289					
9,1	6693,14	174,846	659,828	0,2138	4,6765					
9,2	6766,69	175,310	659,970	0,2116	4,7251					
9,3	6840,24	175,770	660,110	0,2095	4,7725					
9,4	6913,79	176,226	660,249	0,2074	4,8208					
9,5	6987,35	176,679	660,387	0,2053	4,8701					
9,6	7060,90	177,127	660,524	0,2033	4,9180					
9,7	7134,45	177,572	660,659	0,2014	4,9644					
9,8	7208,00	178,014	660,794	0,1994	5,0141					
9,9	7281,55	178,451	660,928	0,1975	5,0524					
10,00	7355,10	178,886	661,060	0,1957	5,1089	0,597	0,552	0,530	0,522	0,520
10,25	7538,98	179,957	661,387	0,1912	5,2291					
10,50	7722,86	181,008	661,707	0,1869	5,3494					
10,75	7906,73	182,040	662,022	0,1828	5,4694					
11,00	8090,61	183,053	662,331	0,1789	5,5835					
11,25	8274,49	184,049	662,635	0,1752	5,7065					
11,50	8458,37	185,027	662,933	0,1716	5,8262					
11,75	8642,24	185,989	663,227	0,1682	5,9439					
12,00	8826,12	186,935	663,515	0,1649	6,0629	0,635	0,570	0,541	0,529	0,526
12,25	9010,00	187,866	663,799	0,1617	6,1828					
12,50	9193,88	188,782	664,079	0,1587	6,2996					
12,75	9377,75	189,685	664,354	0,1558	6,4168					
13,00	9561,63	190,573	664,625	0,1530	6,5342					
13,25	9745,51	191,449	664,892	0,1502	6,6560					
13,50	9929,39	192,311	665,155	0,1476	6,7732					
13,75	10113,26	193,162	665,414	0,1451	6,8898	0,677	0,588	0,550	0,536	0,531
14,00	10297,14	194,001	665,670	0,1427	7,0057					
14,25	10481,02	194,828	665,922	0,1403	7,1255					
14,50	10664,90	195,644	656,171	0,1380	7,2442					
14,75	10848,77	196,449	666,417	0,1358	7,3615					
15,00	11032,65	197,244	666,659	0,1337	7,4771					

Altenburg
Pierersche Hofbuchdruckerei
Stephan Geibel & Co.

Verlag von Julius Springer in Berlin.

Generator-Kraftgas- und Dampfkessel-Betrieb in bezug auf Wärmeerzeugung und Wärmeverwendung. Eine Darstellung der Vorgänge, der Untersuchungs- und Kontrollmethoden bei der Umformung von Brennstoffen für den Generator-Kraftgas- und Dampfkessel-Betrieb. Von Paul Fuchs, Ingenieur. Zweite Auflage von: «Die Kontrolle des Dampfkesselbetriebes». Mit 42 Textfiguren. In Leinwand geb. Preis M. 5,—.

Technische Untersuchungsmethoden zur Betriebskontrolle, insbesondere zur Kontrolle des Dampfbetriebes. Zugleich ein Leitfaden für die Arbeiten in den Maschinenbaulaboratorien technischer Lehranstalten. Von Julius Brand, Ingenieur, Oberlehrer der Königlichen vereinigten Maschinenbauschulen zu Elberfeld. Mit zahlreichen Textfiguren und 2 Tafeln. Zweite, verbesserte Auflage unter der Presse. In Leinwand geb. Preis ca. M. 6,—.

Technische Messungen, insbesondere bei Maschinenuntersuchungen. Zum Gebrauch in Maschinenlaboratorien und für die Praxis. Von Anton Gramberg, Diplom-Ingenieur, Dozent an der Technischen Hochschule Danzig. Mit 181 Textfiguren. In Leinwd. geb. Preis M. 6,—.

Indizieren und Auswerten von Kurbelweg- und Zeitdiagrammen. Von A. Wagner, Professor an der Königl. Technischen Hochschule zu Danzig. Mit 45 Textfiguren. Preis M. 3,—.

Hilfsbuch für Dampfmaschinen-Techniker. Herausgegeben von Josef Hrabák, k. u. k. Hofrat, emer. Professor der k. k. Bergakademie zu Pribram. Vierte Auflage. In 3 Teilen. Mit Textfiguren. In 3 Leinwandbände geb. Preis M. 20,—.

Theorie und Berechnung der Heißdampfmaschinen. Mit einem Anhange über die Zweizylinder-Kondensations-Maschinen mit hohem Dampfdruck. Von Josef Hrabák, k. k. Hofrat, emer. Professor der k. k. Bergakademie zu Pribram. In Leinwand geb. Preis M. 7,—.

Graphische Kalorimetrie der Dampfmaschinen. Von Fritz Krauss, Ingenieur, behördlich autorisierter Inspektor der Dampfkessel-Untersuchungs- und Versicherungs-Gesellschaft in Wien. Mit 24 Textfiguren. Preis M. 2,—.

Die Thermodynamik der Dampfmaschinen. Von Fritz Krauss, Ingenieur, behördlich autorisierter Inspektor der Dampfkessel-Untersuchungs- und Versicherungs-Gesellschaft in Wien. Mit 17 Textfiguren. Preis M. 3,—.

Zu beziehen durch jede Buchhandlung.

Verlag von Julius Springer in Berlin.

Anleitung zur Durchführung von Versuchen an Dampfmaschinen und Dampfkesseln. Zugleich Hilfsbuch für den Unterricht in Maschinenlaboratorien technischer Schulen. Von Franz Seufert, Ingenieur, Lehrer an der Königl. höheren Maschinenbauschule zu Stettin. Mit 36 Textfiguren. In Leinwand geb. Preis M. 1,60.

Dampfkesselfeuerungen zur Erzielung einer möglichst rauchfreien Verbrennung. Im Auftrage des Vereines deutscher Ingenieure bearbeitet von F. Haier, Ingenieur in Stuttgart. Mit 301 Textfiguren und 22 lithographierten Tafeln. In Leinwand geb. Preis M. 14,—.

Die Dampfkessel. Ein Lehr- und Handbuch für Studierende Technischer Hochschulen, Schüler Höherer Maschinenbauschulen und Techniken sowie für Ingenieure und Techniker. Bearbeitet von F. Tetzner, Professor, Oberlehrer an den Königl. Verein. Maschinenbauschulen zu Dortmund. Zweite, verbesserte Auflage. Mit 134 Textfiguren und 38 lithographierten Tafeln. In Leinwand geb. Preis M. 8,—.

Die Herstellung der Dampfkessel. Von M. Gerbel, behördlich autorisierter Inspektor der Dampfkesseluntersuchungs- und Versicherungs-Gesellschaft a. G. in Wien. Mit in den Text gedruckten Figuren. Unter der Presse. Preis ca. M. 3,—.

Verdampfen, Kondensieren und Kühlen. Erklärungen, Formeln und Tabellen für den praktischen Gebrauch. Von E. Hausbrand, Oberingenieur der Firma C. Heckmann in Berlin. Dritte, durchgesehene Auflage. Mit 21 Textfiguren und 76 Tabellen. In Leinwand geb. Preis M. 9,—.

Kondensation. Ein Lehr- und Handbuch über Kondensation und alle damit zusammenhängenden Fragen, einschließlich der Wasserrückkühlung. Für Studierende des Maschinenbaues, Ingenieure, Leiter größerer Dampfbetriebe, Chemiker und Zuckertechniker. Von F. J. Weiß, Zivilingenieur in Basel. Mit 96 Textfiguren. In Leinwand geb. Preis M. 10,—.

Das Entwerfen und Berechnen der Verbrennungsmotoren. Handbuch für Konstrukteure und Erbauer von Gas- und Ölkraftmaschinen. Von Hugo Güldner, Oberingenieur, Direktor der Güldner-Motoren-Gesellschaft in München. Zweite, bedeutend erweiterte Auflage. Mit 800 Textfiguren u. 30 Konstruktionstafeln. In Leinw. geb. Preis M. 24,—.

Zwangläufige Regelung der Verbrennung bei Verbrennungs-Maschinen. Von Diplom-Ingenieur Karl Weidmann. Mit 35 Textfiguren und 5 Tafeln. Preis M. 4,—.

Zu beziehen durch jede Buchhandlung.

Verlag von Julius Springer in Berlin.

Die Dampfturbinen, mit einem Anhang über die Aussichten der Wärmekraftmaschinen und über die Gasturbine. Von Dr. A. Stodola, Professor am Eidgenössischen Polytechnikum in Zürich. Dritte, bedeutend erweiterte Auflage. Mit 434 Textfiguren und 3 lithographierten Tafeln. In Leinwand geb. Preis M. 20,—.

Neue Tabellen und Diagramme für Wasserdampf. Von Dr. R. Mollier, Professor an der Technischen Hochschule Dresden. Mit 2 Diagrammtafeln. Preis M. 2,—.

Thermodynamische Rechentafel (für Dampfturbinen) von Dr.-Ing. R. Proell. Mit Gebrauchsanweisung Preis M. 2,50.

Wasserkraftmaschinen. Ein Leitfaden zur Einführung in Bau und Berechnung moderner Wasserkraftmaschinen und -Anlagen. Von L. Quantz, Diplom-Ingenieur, Oberlehrer an der Kgl. höheren Maschinenbauschule zu Stettin. Mit 130 Textfiguren. In Leinwand geb. Preis M. 3,60.

Die automatische Regulierung der Turbinen. Von Dr.-Ing. W. Bauersfeld. Mit 126 Textfiguren. Preis M. 6,—.

Die Pumpen. Berechnung und Ausführung der für die Förderung von Flüssigkeiten gebräuchlichen Maschinen. Von Konrad Hartmann und J. O. Knoke. Dritte, neubearbeitete Auflage von Professor H. Berg in Stuttgart. Mit 704 Textfiguren und 14 Tafeln. 1906. Geb. M. 18,—.

Die Regelung der Kraftmaschinen. Berechnung und Konstruktion der Schwungräder, des Massenausgleichs und der Kraftmaschinenregler in elementarer Behandlung. Von Max Tolle, Professor und Maschinenbauschuldirektor. Mit 372 Textfiguren und 9 Tafeln. In Leinwand geb. Preis M. 14,—.

Fliehkraft und Beharrungsregler. Versuch einer einfachen Darstellung der Regulierungsfrage im Tolleschen Diagramm. Von Dr.-Ing. Fritz Thümmler. Mit 21 Textfiguren und 6 lithographierten Tafeln. Preis M. 4,—.

Die Steuerungen an Dampfmaschinen. Von Karl Leist, Professor an der Königl. Techn. Hochschule zu Berlin. Zweite, sehr vermehrte und umgearbeitete Auflage, zugleich als fünfte Auflage des gleichnamigen Werkes von Emil Blaha. Mit 553 Textfiguren. In Leinwand geb. Preis M. 20,—.

Zu beziehen durch jede Buchhandlung.

Verlag von Julius Springer in Berlin.

Hilfsbuch für den Maschinenbau. Für Maschinentechniker sowie für den Unterricht an technischen Lehranstalten. Von Fr. Freytag, Professor, Lehrer an den technischen Staatslehranstalten in Chemnitz. Zweite, vermehrte und verbesserte Auflage. 1164 Seiten Oktav-Format. Mit 1004 Textfiguren und 8 Tafeln. In Leinwand geb. Preis M. 10,—; in ganz Leder geb. M. 12,—.

Einführung in die Festigkeitslehre nebst Aufgaben aus dem Maschinenbau und der Baukonstruktion. Ein Lehrbuch für Maschinenbauschulen und andere technische Lehranstalten sowie zum Selbstunterricht und für die Praxis. Von Ernst Wehnert, Ingenieur und Lehrer an der Städtischen Gewerbe- und Maschinenbauschule zu Leipzig. Mit 221 Textfiguren. In Leinwand geb. Preis M. 6,—.

Technische Mechanik. Ein Lehrbuch der Statik und Dynamik für Maschinen- und Bauingenieure. Von Ed. Autenrieth, Oberbaurat und Professor an der Königl. Techn. Hochschule zu Stuttgart. Mit 327 Textfiguren. Preis M. 12,—; in Leinwand geb. M. 13,20.

Die Gebläse. Bau und Berechnung der Maschinen zur Bewegung, Verdichtung und Verdünnung der Luft. Von Albrecht von Ihering. Zweite, vermehrte Auflage. Mit 522 Textfiguren und 11 Tafeln. In Leinwand geb. Preis M. 20,—.

Die Hebezeuge. Theorie und Kritik ausgeführter Konstruktionen mit besonderer Berücksichtigung der elektrischen Anlagen. Ein Handbuch für Ingenieure, Techniker und Studierende. Von Ad. Ernst. Vierte, neubearbeitete Auflage. Drei Bände. Mit 1486 Textfiguren und 97 lithographierten Tafeln. In 3 Leinwandbände geb. Preis M. 60,—.

Die Werkzeugmaschinen. Von Hermann Fischer, Geh. Regierungsrat und Professor an der Königl. Techn. Hochschule zu Hannover. I. Die Metallbearbeitungsmaschinen. Zweite, vermehrte und verbesserte Auflage. Mit 1545 Textfiguren und 50 lithographierten Tafeln. In zwei Leinwandbände geb. Preis M. 45,—. II. Die Holzbearbeitungsmaschinen. Mit 421 Textfiguren. In Leinwand geb. Preis M. 15,—.

Die Werkzeugmaschinen und ihre Konstruktionselemente. Ein Lehrbuch zur Einführung in den Werkzeugmaschinenbau. Von Fr. W. Hülle, Ingenieur, Oberlehrer an der Königl. höheren Maschinenbauschule zu Stettin. Mit 326 Textfiguren. In Leinwand geb. Preis M. 8,—.

Zu beziehen durch jede Buchhandlung.

MIX
Papier aus verantwortungsvollen Quellen
Paper from responsible sources
FSC® C105338

If you have any concerns about our products,
you can contact us on
ProductSafety@springernature.com

In case Publisher is established outside the EU,
the EU authorized representative is:
**Springer Nature Customer Service Center GmbH
Europaplatz 3, 69115 Heidelberg, Germany**

Printed by Libri Plureos GmbH
in Hamburg, Germany